I0504866

ADOLFO DE PAZ

TEORÍA DE REDES DINÁMICAS

TEORÍA DE REDES DINÁMICAS

Fragmentos filosóficos de filosofía natural

© Gustavo Adolfo de Paz Marín 2020

® 2001302982191

Todos los derechos reservados.

"Cualquier teoría que trate de satisfacer las exigencias tanto de la relatividad especial como de la teoría cuántica conducirá a inconsistencias matemáticas, a divergencias en la región de las altas energías y cantidades de movimiento".

"El fenómeno de reversión del tiempo, que ha sido analizado y que sólo ha resultado una posibilidad matemática de consideraciones teoréticas, puede consecuentemente pertenecer a estas pequeñas regiones. Si fuera así, no se lo podría observar de manera que permitiera una descripción en los términos de los conceptos clásicos. En la medida en que pueden ser observados y descritos en términos clásicos, tales procesos obedecerían al acostumbrado orden del tiempo".

Werner Heisenberg.

I

A Humanitatis mensura

El movimiento no es progresivo en relación a sí mismo sino como configuración de redes.

*

Ni estructuras ni juegos de lenguaje sino redes de interacción.

*

Juegos de lenguaje como juegos de significación sociocultural -estetificación- (falta praxis material).

*

La simultaneidad no es más que la acotación de la dispersión. Sin la dispersión no sería posible la aleatoriedad pero tampoco la simultaneidad, pues es necesario algo que la concrete. La aleatoriedad va ligada a la dispersión pero necesita la simultaneidad para que se haga concreta, es decir, para que se determine. La aleatoriedad cuando se ha determinado no desaparece sino que se encuentra en forma de dispersión acotada, es decir, en simultaneidad; por eso, la simultaneidad nunca es absoluta.

*

Un movimiento en dispersión se encuentra como campo extenso, es decir, como red dispersa no acotada. A esto se le denomina "dispersión aumentada". Por otra parte, un movimiento como dispersión acotada se encuentra en red simultánea, es decir, en simultaneidad. La simultaneidad también es una dispersión pero ésta se encuentra acotada en lugar de aumentada. De la configuración de simultaneidades como movimientos simultáneos se crean las redes simultáneas con dispersión acotada intrínseca. Estas redes son acción como movimientos que también se configuran como dispersión aumentada o extrínseca en menor intensidad. Todo movimiento, por ínfimo que sea, se configura en red; su dinámica va precedida por la configuración oscilante como dispersión acotada y aumentada, lo que provoca el dinamismo y la simultaneidad. Entre el dinamismo y la simultaneidad se constituye la aleatoriedad. La aleatoriedad es elemental al movimiento, lo que niega la unidad de la esencia, incluso la existencia de cualquier esencia. La dispersión siempre está presente, ya sea aumentada o acotada, de otra forma sería imposible la dinámica tanto como la simultaneidad y la configuración de redes. Nada es estático, si algo lo fuera se quebraría lo existente. El desequilibrio, que es la aleatoriedad, hace posible el equilibrio. En otras palabras: la dispersión en sus diferentes configuraciones hace posible la simultaneidad, y ambas, en el juego dinámico, mantienen y posibilitan la aleatoriedad.

*

Lo que prevalece es el efecto aleatorio, que no es un fundamento sino una mediación. Los movimientos, por lo tanto, se determinan unos a otros como redes o campos de mediación; pero en ningún caso responden o configuran una determinación absoluta.

*

La dialéctica ha pretendido ser un método dualista de interpretación. La contradicciones, sin embargo, nunca son duales sino plurales. La dialéctica, por tanto, debe ser un método de acotación consciente de la dispersión constante e intrínseca. Este tipo de dialéctica es denominado "dialéctica progresiva". Su propia dinámica ha de ser comprendida como transformación teórica en la perspectiva práctica que no se sitúa en el teoreticismo ni en el mero activismo. La dialéctica, como una de las formas del pensamiento, es constituyente al pensamiento.

*

Se puede interpretar la sociedad como una red de redes en progresividad en lugar de una totalidad de represión.

*

La dispersión aumentada infinitesimal provoca la desintegración de igual modo que la dispersión acotada intrínseca (como simultaneidad) infinitesimal provoca la desintegración. El movimiento sin acotación infinito es la des-integración como reduplicación de la multiplicidad transformada. La acotación ha de ser entendida como una interacción no como límite. El movimiento se desarrolla en bucle como simultaneidad. El movimiento se desarrolla en aleatoriedad como dispersión. Todo bucle, sin embargo, es una dispersión contenida (acotada) o singularidad dinámica.

*

Cualquier movimiento es siempre en red, esto es, como campo. Si no está acotado se encuentra en dispersión; si está acotado, entonces se encuentra en simultaneidad; pero siempre se encuentra en red con una aleatoriedad intrínseca mayor o menor según la dispersión o la simultaneidad. Tanto la dispersión como la simultaneidad determinan y son determinadas por la acotación de la red. Un movimiento sin acotación suficiente deviene multiplicidad de redes (desintegración), es decir, multiplicidad de movimientos que configuran redes y son redes. ¿Cómo es posible la pervivencia de algo que no es unitario?, porque la multiplicidad abismal es superposición de redes. El infinito, de este modo, existe como proyección tanto como multiplicidad.

*

Supongamos que viajar a la velocidad de la luz no distorsiona la curvatura espacio-temporal sino que en realidad se transmuta una multiplicidad de movimientos organizada en red. La explicación, o el ejemplo que tanto se cita, sobre el astronauta que viaja a la velocidad de la luz y regresa a la Tierra nueve años más joven porque el tiempo, a esa velocidad se ralentiza, es una interpretación. Existe otra: lo que denominamos pasado y futuro no son más que trayectorias en una acotada multiplicidad de movimientos o el mismo movimiento acotado. El astronauta no distorsiona la curvatura del espacio-tiempo porque esta no existiría, lo que hace, a través de la velocidad, es transmutar las distancias y situarse en otra dimensión, es decir, en otra multiplicidad de movimientos. Transciende una multiplicidad de movimientos para situarse en otra. No habría algo así como una constante de tiempo sino una referencia de movimientos denominada "tiempo". En nuestro propio planeta existe dicha multiplicidad, el movimiento no es único ni igual para todos los seres, a pesar de vivir en el mismo lugar. Es nuestra referencia paramétrica de movimientos lo que hemos hipostasiado, hasta el punto de postular una realidad única.

Si viajáramos más rápido que la luz, a determinada distancia del planeta Tierra, podríamos ver el reflejo de su pasado, lo acaecido, porque rebasaríamos la imagen que proyecta la luz al viajar más rápido que ella. Si, por el contrario, viajáramos más rápido que la velocidad de la luz en sentido inverso, es decir, dirigiéndonos al planeta Tierra, a determinada distancia deberíamos ver la imagen o el reflejo de su futuro; lo que acontecerá, porque rebasaríamos la imagen que proyecta la luz anteponiéndonos en anteriores imágenes ya proyectadas. La luz sería constante en su fluir pero las imágenes serían fragmentadas porque estarían acotadas como fragmentos de luz al ser la velocidad de la luz no infinita: esto son los instantes, fragmentos de luz. La multiplicidad de movimientos, aunque aleatoria y dispersa, abismal e infinita, puede ser acotada por medio de los instantes de luz. La luz es la dispersión singularizada que, en cierto modo, organiza y retine lo acontecido en el Cosmos como información. De este modo, quedaría demostrado que el tiempo no existe más que como concepto o categoría, no como constante ni como variable, sino que existen multiplicidad de movimientos en dispersión hacia lo venidero, aleatoriedad en el acontecer, y simultaneidad hacia lo acontecido.. Lo que se denomina "dilatación temporal", no es más que la transmutación de los movimientos en una determinada simetría. Existen varias formas, no de rebasar la velocidad de la luz, pero sí de transmutar dicha velocidad, y consisten en la simultaneidad, la instantaneidad y la distancia. Si la distancia en el denominado "macrocosmos" transmuta la velocidad de la luz en sentido negativo, es decir, que se pueden observar imágenes acaecidas, entonces, desde una posición del denominado "espacio cuántico", ¿se podría transmutar la velocidad de la luz en sentido positivo, es decir, se podrían observar imágenes que acontecerán?

*

La perversa división entre el tiempo y el espacio..., el tiempo y el espacio se integran como dinámica no como totalidad y mucho menos como dimensión.

*

La memoria y el espacio acotado permiten la orientación. El pensamiento intuitivo perfectamente puede adentrarse en la dimensión cuántica, lo único necesario es solventar el prejuicio metafísico, su fusión con la unidad, el fundamento autolimitador y excluyente. La percepción sensorial inmediata y evidente está mediada por diversos procesos mentales, así como por los órganos de los sentidos; de este modo, no existe un pensamiento intuitivo inmediato y evidente como identidad pura con el entorno. Sin embargo, desde la perspectiva racionalista de hipostasiar el pensamiento intuitivo identificando y asimilando la percepción inmediata con el conocimiento objetivo, solamente se considera auténtica intuición, pensamiento y conocimiento a lo verificado en una percepción sensorial experimentada objetiva o idéntica. Pensar no es, necesariamente, sintetizar; también puede ser amplificar. Lo que crea la simultaneidad estricta, el aparente y falso tiempo lineal, es una pluralidad de movimientos mal entendida; es decir, que desde el punto de vista de la lógica científica lo que crea el orden es el caos; lo que posibilita el frágil y efímero orden es un caos plural y abismal. Hablar de orden y de caos, en estas circunstancias, sería recaer en arquetipos arcaicos. La realidad es algo circunstancial y no un absoluto. Nada importa la racionalización parcial o total de una pluralidad de abismos, las pinceladas no cubren la inmensidad aunque la oculten.

El presente es la simultaneidad, pero la simultaneidad dinámica no es ninguna partición en el tiempo; tan sólo se puede interpretar como acontecer. La simultaneidad del acontecer es aparente como amplitud y concreta como acotación: es efímera porque es una pluralidad de pluralidades, movimientos de movimientos. El presente como estadio temporal es tan improbable como el tiempo. Tan sólo son categorías culturales.

*

¿El río de Heráclito? También él se encontraba bajo el influjo de la cosmogonía griega. No hay ningún río, lo que vemos son aguas diferentes que fluyen sobre un cauce. Ni siquiera ese cauce es permanente. El ser es apariencia, no hay sustrato, fundamento o unidad, por eso, se ha presupuesto que el ser permanece oculto a nuestros sentidos. Lo único que se muestra es una pluralidad, pero ésta no es aprehensible, de ahí la necesidad de presuponer el ser. El ser es una ficción vacía en medio de una pluralidad de abismos.

No hay espacio ni tiempo, lo que hay es una pluralidad de movimientos. Lo que se denomina espacio o tiempo es la abstracción de una supuesta simultaneidad de movimientos. Dicha simultaneidad es un presupuesto pero en realidad se trata de una acotación de movimientos. Se pueden acotar los movimientos, agrupar, no de un modo absoluto pero sí en simetría. Es como los objetos de una habitación. La habitación no es hermética ni absoluta pero está acotada. Los objetos son independientes aunque interactúan entre ellos. La simultaneidad es la acotación. No hay un tiempo absoluto ni relativo, y mucho menos una constante cosmológica. Cada movimiento es una dimensión y cada acotación es una dimensión. Las dimensiones son, por tanto, abstractas y concretas.

*

La simultaneidad, la dispersión y la aleatoriedad no son estados de un movimiento en una temporalidad sino que configuran la pluralidad de movimientos y posibilitan el movimiento en su interacción y desarrollo constante; lo que, a su vez, hace constante al movimiento.

La simultaneidad, la dispersión y la aleatoriedad son descripciones de estados o configuraciones de movimientos en una pluralidad de movimientos que posibilitan la configuración de redes y la interacción entre ellas.

*

La masa se genera por interacción

*

Tanto la mecánica como la geometría son derivadas de la dinámica comprendida como estructura cuantitativa o como una métrica estática. La mecánica y la geometría puestas en relación no pueden ser comprendidas más que por una dinámica progresiva.

*

El principio de energía mínimo equivale al equilibrio dinámico que se da en una red o campo (sistema) acotado. El equilibrio dinámico, que nunca es absoluto, equivale a la simultaneidad. El principio de entropía, sin embargo, es deducido de la presuposición de un universo como sistema total. Si se revierte la noción de entropía como magnitud excedente en un sistema dinámico acotado desde una perspectiva de la no totalidad, la entropía deviene aleatoriedad. La aleatoriedad no es desorden, ni caos ni entropía en una multiplicidad dinámica no acotada.

*

La superposición cuántica es aleatoriedad.

*

Hay que tener mucho cuidado con las simplificaciones de lo concreto, de la realidad. Al simplificar lo concreto se crean nuevas formas de idealismo.

*

Ni campos ni fuerzas ni partículas ni ondas: ¡movimientos y redes de movimientos! La energía es movimiento en dispersión, en potencialidad: en cierto grado de dispersión; la masa es movimiento en simultaneidad. La conversión de energía en masa y de masa en energía viene dada por la actividad del movimiento, ya sea como dispersión o simultaneidad, con reciprocidad o exclusión. La inercia es la acción intrínseca y extrínseca de los movimientos hacia la simultaneidad (intrínseca porque es propia del movimiento o de la red de movimientos, y extrínseca porque se manifiesta exteriormente al movimiento o la red de movimientos). En el movimiento se encuentra la explicación de las diferentes configuraciones: en el movimiento mismo. El "ser", la "cosa en sí", como movimiento, no son fundamento de nada: el movimiento cuestiona la existencia de cualquier tipo de fundamentación única o absoluta. El Cosmos no es un caos de fuerzas sino una pluralidad de movimientos. No hay un "ser" o una "voluntad" que determine o cause los movimientos, los movimientos mismos son producidos por los movimientos mismos: "la causa" o la determinación viene dada por la aleatoriedad, lo que significa que no hay causa ni determinación a priori.

*

La gravedad no configura una única red ni se corresponde con un efecto de la geometría espacio-temporal. La gravedad es la acción de redes de movimientos entrelazados según su grado de interferencia; como depende su intensidad de la masa, su influencia e interacción es restringida y plural, no absoluta, lo que no implica una dispersión limitada.

*

Todo movimiento tiene un excedente, esto es la energía. El movimiento, del mismo modo, es excedente de sí mismo. También la gravedad tiene excedentes: la radiación gravitatoria y la energía gravitatoria. Dada la equivalencia entre materia y energía, la energía gravitatoria proviene de la interacción entre masas gravitatorias, y el efecto proviene de la interacción entre masas. Esta es la diferencia en la acción de la fuerza de la gravedad respecto a las otras fuerzas. Si la fuerza de gravedad no es medible más que por su efecto, esto es debido a que su interacción se produce a un nivel cuántico, y la interacción más eficaz a este nivel de dimensiones es el entrelazamiento múltiple cuántico con efectos gravitatorios. Hay que poner en relación la mecánica cuántica con la mecánica de Newton, en lugar de intentar establecer o encontrar un nexo entre la relatividad y la dimensión cuántica.

*

El devenir no lo es del ser ni de la unidad sino que es un devenir múltiple, de las multiplicidades: es el movimiento de las multiplicidades; y cómo éstas son potencialmente infinitas, el devenir es infinito. Las multiplicidades son lo que deviene, pero no en conjunto, totalidad, simetría o simultaneidad sino de forma asimétrica en una inmensidad. Esto no equivale al caos porque tanto el orden como el caos son categorías culturales. Se excluye aquí cualquier pretensión metafísica u ontológica. El problema de todas las nociones del ser es que fundamentan la transcendencia en un orden jerárquico en lugar de un espacio, simplemente, un espacio donde desarrollarse y crear la trascendencia: una dimensión material que también trascienda sobre todo por su inmensidad. La transcendencia lo es en su relación con la inmanencia, la primera depende de la segunda. Lo que nos rebasa o nos trasciende rebosa en una inmensidad pero no puede ser fundamento de un orden sino de la libertad. El orden es una cuestión humana y no divina, toda organización tiene un sentido y un origen antropológico y material (concreto). La infinitud de los abismos rompe con el totalitarismo del ser, de hecho, lo desintegra.

*

Pasado, presente y futuro son acotaciones abstractas de movimientos en sucesión lineal. Los movimientos dejan de ser de localización o traslación cuando se generalizan, porque se observan como una pluralidad de acotaciones o singularidades. De la reducción de estas singularidades a un fundamento abstracto surge el concepto de tiempo. En un espacio acotado de forma empírica y abstracta (empirismo lógico), existen tres dimensiones espaciales y una cuarta dimensión: la temporal. En un espacio no acotado existen múltiples dimensiones que se corresponden con múltiples movimientos en singularidad, aleatoriedad o dispersión, lo que supone una pluralidad de dimensiones que se interpretan como inabarcables conceptualmente, es decir, como una pluralidad de abismos.

*

Negar que hay un afuera sólo porque nosotros estamos dentro y nos es imposible conocer lo que hay en ese "afuera", esa es la base de la doctrina de la totalidad abierta. La Metafísica no es conocimiento, desde Kant, porque plantearse incluso la existencia de un afuera posible de conocer es ilusorio y escapa a nuestra comprensión. La doctrina de la totalidad abierta es metafísica, no porque proponga algo exterior a una realidad contenida sino porque la presuposición de una realidad como totalidad autocontenida se hace desde una pretendida perspectiva que rebasa lo concreto del entorno, es decir, que se sitúa epistemológicamente desde un "afuera". Por otra parte, el pensamiento es relacional. No se puede concebir un espacio sin relación a otro, o un objeto sin relación a otro. De ahí que la noción de infinito sea un problema no sólo ontológico sino, sobre todo, epistemológico.

Las descripciones "limitadoras" de la metafísica y la ontología son concepciones figurativas y desarrollos epistemológicos que derivan de sociedades totalitarias. Las estructuras políticas y económicas determinan el conocimiento del mismo modo que las estructuras científicas y filosóficas dan soporte cultural y teórico a las estructuras políticas y económicas. Si estas estructuras no son democráticas, el conocimiento se desarrolla como totalitarismo.

*

Respecto a la dualidad onda/partícula:

Si consideramos las partículas como movimientos singulares (campos dinámicos), la función de onda que adquieren dichos movimientos se define como dispersión, la propiedad de partícula se define como simultaneidad y la acción entre ambos estados se define como aleatoriedad. Los movimientos singulares pueden configurarse en estado de dispersión o de simultaneidad.

*

El conocimiento es la adaptación, por medio de nuestros lenguajes, percepciones, tecnología y sentidos; de las circunstancias y fenómenos meta-antropológicos (abismales) a las circunstancias y fenómenos antropológicos. En este sentido, el conocimiento es creación. La creatividad es una mediación dialéctica de la transcendencia, porque esta última es y se construye conforme a una dinámica plural.

*

A medida que nos alejamos de nuestro lugar de referencia, la perspectiva se amplía. Si nos acercamos al lugar o la posición de referencia, la perspectiva se concreta. La distancia amplia la perspectiva, ya sea hacia un recorrido macro-cósmico o microcósmico; pero la distancia, aunque amplia la perspectiva, reduce la concreción. ¿Dónde se sitúa, entonces, lo concreto, lo máximamente real?, en nuestra perspectiva más concreta; es decir, el referente común a nuestra circunstancia sociocultural y material. El conocimiento es perspectivista, y por ello, situado en la dimensión antropológica. La veracidad es cuestión de praxis y no de una objetividad neutra o imparcial, esencial o pura. Más allá del principio antropológico sólo se encuentra la superstición, la religión o la ciencia como subideología.

*

La realidad es dialéctica en dos sentidos: uno es la perspectiva antropológica, otro es la perspectiva abismal. La perspectiva abismal responde al carácter maleable, constructivo, dinámico y no totalizador de la realidad (en su aspecto epistemológico y concreto). Esto rebasa la propia dialéctica, reduciéndola de un estadio ontológico a un simple método. La realidad siempre es abismal, pero la interpretamos desde una perspectiva antropológica, de hay la necesidad del método dialéctico.

*

La aleatoriedad, la dispersión y la simultaneidad nunca se dan en una forma absoluta sino en proceso y constituyen la tríada de la dinámica. No son categorías ni conceptos, son cualidades dinámicas. Esta interpretación rompe con el dualismo y con el monismo.

*

La gravedad de la Tierra no deforma la red espacio/temporal sino la espuma cuántica, y lo hace debido a la interacción gravitatoria que se superpone interaccionando.

En realidad, en la espuma cuántica no hay partículas y antipartículas sino movimientos que se reduplican formando cargas que se asimilan. La asimilación de cargas es la asimilación de movimientos que se reduplican gracias a esa asimilación. Por eso, no hay partículas ni antipartículas que aparecen o desaparecen de la Nada.

Con el experimento del "efecto Casimir" se demuestra que la espuma cuántica tiene un efecto expansivo respecto a la dilatación e intensivo respecto a la contracción. El efecto intensivo es debido a la anulación progresiva de la distancia, que denominan "vacío". Ese efecto invalida la hipótesis de que la espuma cuántica configure una red espacio temporal maleable, ¿pero puede dar lugar a la hipótesis de que la gravedad sea configurada por la anulación de la distancia, es decir, que sea un efecto del vacío dada la dispersión de partículas establecida por la presencia de una red configurada de partículas? El continuo efecto de vacío, es decir, la interacción entre simultaneidad y dispersión de redes de movimientos, ¿puede dar lugar a la gravedad?. La contracción, que es la progresiva anulación de la distancia (vacío), ¿implica en dicho experimento la anulación de movimientos interaccionando que es la anulación de la distancia, es decir, la simetría?. Sin simetría no hay gravedad.

La explicación del efecto Casimir es que la atracción del vacío no es electromagnética (debido a que las placas son de carga neutra), no es gravitatoria (según la teoría general de la relatividad), así que su explicación es cuántica, de la teoría cuántica de campos. ¿La propia anulación de la distancia genera energía? Ésta podría ser una prueba de la propiedad del movimiento de su intrínseca reduplicidad constante. Aplicado al modelo estándar, el resultado no es coherente, ya que el valor que se extrae es desorbitado. La mecánica cuántica predice una energía del vacío infinita, mucho mayor que la que se observa en sus efectos en el "universo". El eliminar este infinito es un desafío para la búsqueda de la teoría del Todo, es decir, que supone un contratiempo bastante grave respecto a la hipótesis de un "Todo", uno de los grandes prejuicios de la ciencia actual. La necesidad de excluir los cálculos que dan como respuesta resultados al infinito es un grave problema para la cosmología, pero no para una filosofía de los abismos.

*

A mayor dispersión, menor gravedad. A mayor simultaneidad, mayor gravedad. Gases - metales. A mayor dispersión, menor entrelazamiento gravitatorio. A menor dispersión y mayor simultaneidad, mayor entrelazamiento gravitatorio y, por lo tanto, mayor gravedad. La gravedad es un efecto dual.

Espacio-peso-átomos / gases
Espacio-peso-átomos / metales

$3x10^{34}$ átomos de Litio en 1cm3
Densidad Osmio = 22,48 gramos cm3
Densidad Hidrógeno solidificado = 0,076 gramos cm3

Hay más dispersión en el aire que en el agua. Cuanta mayor simultaneidad, que hace la densidad, mayor gravedad. La simultaneidad la configura la interacción intrínseca pero determina también la interferencia gravitatoria extrínseca. La gravedad se configura a pequeña escala (cuántica) según la simultaneidad intrínseca, es decir, de la misma forma que a gran escala (no cuántica); pero la interacción nuclear fuerte y débil fluctúan según la dialéctica simultaneidad-dispersión, igual que a escala no cuántica (de ahí la reversibilidad). La dispersión anula el entrelazamiento gravitatorio en mayor o menor medida. ¿Es la interacción débil la causa del entrelazamiento gravitatorio?

A mayor simultaneidad, menor actividad de los átomos y mayor gravedad intrínseca, al igual que a mayor gravedad extrínseca. La mayor gravedad extrínseca provoca mayor gravedad intrínseca. Por el contrario, menor gravedad extrínseca provoca menor gravedad intrínseca. Es la actividad, la mayor o menor dispersión contenida, lo que determina la gravedad, y con ello, la densidad de un objeto.

*

La tridimensionalidad que percibimos sólo puede darse por la constante dinámica de múltiples movimientos que configuran, a su vez, un movimiento genérico en espiral, es decir, aleatorio: no circular ni lineal.

*

La espiral del tránsito es un vórtice sin principio ni fin. Pocos son los que se atreven a profundizar en el abismo. La realidad no es más que un abismo contenido en una infinitud de abismos y que contiene una infinidad de abismos.

*

Toda singularidad es un fin en sí mismo porque se ha configurado, sea más o menos permanente.

*

El mundo no colapsa porque no es único sino plural y sus movimientos son continuos, progresivamente simultáneos y dispersos.

*

Si lo consideramos, la dispersión aumenta a medida que nos alejamos de nuestra perspectiva. La única perspectiva es la antropológica, más allá de eso sólo hay ideología.

*

No se entiende que a todos los objetos les sea atribuible gravedad y ésta sea causa de un efecto geométrico. Si se prescinde de la curvatura del espacio/tiempo no hay cuatro dimensiones sino infinitas dimensiones, como muestra la ciencia matemática.

La libertad asintótica viene dada por la simultaneidad y dispersión de movimientos. Son lo gluones los que determinan como información las trayectorias de los protones y esto es lo que origina la interacción fuerte.

La oscuridad no es la ausencia de luz. La oscuridad es la dispersión infinitesimal de la luz, lo que demuestra que las redes de movimientos son abismos existentes en un Cosmos probablemente infinito. En un espacio abismal no son necesarios límites si se produce la simultaneidad de movimientos dadas determinadas trayectorias por la aleatoriedad. La dispersión tiende al infinito por lo que la proyección es abismal. Más que la aleatoriedad, es la dispersión el principio de la dinámica del Cosmos, lo que significa que, o no hubo principio o el principio nunca fue uniforme ni concentrado. Pero, ¿cómo pueden darse configuraciones o formas de organización en un espacio infinito? La proyección infinitesimal deviene en simultaneidad. El infinito no es configurado por su proyección constante sino por su configuración constante: lo que rebasa la velocidad de la luz es simultáneo porque rebasa el propio movimiento. El cosmos es un infinito de pluralidades contenidas y dispersas, no una totalidad autocontenida. La responsabilidad que emana de esta hipótesis es directamente proporcional a la libertad que se transfiere de su realidad.

La densidad de un objeto depende de la mayor o menor simetría e intensidad de sus movimientos intrínsecos, lo que se denomina "simultaneidad". La simultaneidad nunca es absoluta ni absolutamente constante, de otro modo, todo colapsaría. La simultaneidad está directamente relacionada con la gravedad, de hecho, la gravedad es una forma de simultaneidad.

*

El objeto no se configura como substancia ni como cosa en sí, sino como multiplicidad de movimientos con trayectorias simétricas, lo que da lugar a la simultaneidad, y la simultaneidad a la singularidad. La singularidad es lo que es el objeto, todo objeto es una singularidad. La simetría es dada por la acción del propio movimiento, no es únicamente una cuestión geométrica.

Lo que se denomina inercia es la propiedad del movimiento que consiste en perpetuar su estado dinámico. En un Cosmos dónde no hay estado de reposo no hay vacío. El movimiento no se genera en el vacío sino como interacción entre movimientos. La posibilidad de diversos movimientos "inerciales" viene dada por la existencia de localizaciones en las que se ejecutan dichos movimientos, lo que se ha denominado "dimensiones". Si consideramos que hay cuatro fuerzas fundamentales, entonces hay que considerar la existencia de cuatro dimensiones. Si, por el contrario, consideramos la existencia de múltiples dimensiones, entonces hay que interpretar la existencia de múltiples movimientos.

Si el vacío es interpretado como una localidad dónde se establecen determinados campos, entonces el vacío no es una entidad sino una interacción entre diversos campos.

Dado que la partícula fotón es la menos interferida por los campos y por eso es la partícula capaz de moverse a la mayor velocidad conocida, entonces cualquier partícula que se mueva a mayor velocidad que la de la luz lo hace como simultaneidad. Si se interpreta que la velocidad es la anulación de la distancia, no como fuerza impulsora sino como fuerza negativa o reactiva, es decir, si toda fuerza impulsiva es al mismo tiempo reactiva por la anulación de la distancia, entonces, el fotón viaja a la velocidad que le es propia debido a su posibilidad de anulación de distancia. Si existe otra partícula, como pudiera ser el gravitón, capaz de superar la velocidad de la luz, es decir, que pudiera establecer la simultaneidad, entonces, la única posibilidad hasta ahora conocida de hacerlo sería a través del entrelazamiento cuántico. El entrelazamiento cuántico permite establecer interacciones como movimientos iguales o superiores (como simultaneidad) a la velocidad de la luz.

Si la gravedad, una vez transcendida la dimensión cuántica, tiene capacidad de superar la velocidad de la luz, entonces sólo podría suponerse que lo hace como entrelazamiento cuántico gravitatorio. Las ondas gravitacionales interaccionan para posibilitar el entrelazamiento gravitatorio, el movimiento es sinónimo de información. Las partículas contienen información en cuanto que son movimientos. Las denominadas "partículas virtuales" lo son en su estado de interacción con respecto a otras partículas o movimientos. Desde esta última perspectiva, dejan de ser "virtuales".

*

Al principio del conocimiento fue el arte.

*

La característica principal del lenguaje en cuanto a lo social es la comunicación. La característica principal del lenguaje en cuanto al conocimiento es la estetificación.

*

Toda estetificación es una simplificación. La matemática es descriptiva y simplificadora, al ser su descripción parcial y limitada, no contiene una significación general; es decir, no dota de sentido, no explica la cualidad sino la cantidad; lo que significa que describe el procedimiento pero no explica la causa o las consecuencias del procedimiento. La causa o las consecuencias del procedimiento son interpretaciones establecidas sobre la base de la descripción matemática. Si entendemos la matemática como lógica aplicada, la logificación es un instrumento descriptivo que sirve al razonamiento discursivo; pero en la matemática, tanto la descripción como el discurso se identifican, lo que quiere decir que diánoia e intuición son idénticas en toda interpretación matemática: la matemática es una interpretación solipsista. La logificación siempre deviene sobre sí misma, la cosmovisión que genera es totalitaria y fundamentalista. Lo que excluye a la interpretación matemática es interpretado en el establishment científico como un espacio de investigación e incertidumbre, "el espacio escéptico"; pero al modo kantiano, derivado del platónico, el espacio de la duda es antagónico al espacio del conocimiento. La "aldea" racionalizada excluye al mundo de los bárbaros. La dialéctica hegeliana traducida por el entorno científico y cultural, sin embargo, engulle el espacio escéptico para describir una totalidad en el irracionalismo del absoluto que presenta como racionalizado. La dialéctica no puede proponer un espacio escéptico ni un absoluto escéptico más que desde un modelo de racionalidad de la logificación. Un nuevo modelo de racionalidad debe basarse en la estetificación como proceso de conocimiento.

*

Uno de los efectos del movimiento es la comunicación, es decir, la transmisión de información. La comunicación permite al movimiento establecer simultaneidad de movimientos más allá de su campo de actividad inmediato, es decir, permite establecer redes de redes de movimientos.

*

Estructura del movimiento

campo o red =
simultaneidad
dispersión
> aleatoriedad

Efectos =
fuerza
comunicación
> interacción

Geometría =
trayectoria
posición y desplazamiento

*

Como campo, el movimiento se mantiene en aleatoriedad. Como red, el movimiento se mantiene en simultaneidad o dispersión: en ambas, es su interacción (simultaneidad o dispersión) lo que fluctúa o varía en menor o mayor intensidad. El movimiento siempre actúa e interactúa como campo y como red. Campo y red son configuraciones de una misma actividad o dinámica, lo que varía son los efectos y las interacciones, por eso se dice que el movimiento actúa como campo o red según sus diferentes configuraciones pero no según su propia constitución. Campo y red son en sí mismas configuraciones dinámicas del movimiento, por lo que no hay substancia primera que lo constituya.

*

Ninguna red (o singularidad) de movimientos está acotada de un modo absoluto. Su acotación responde a su interacción simultánea intrínseca. Pero toda singularidad posee dispersión intrínseca y extrínseca, por lo que siempre interacciona con el medio, es decir, con otras redes de movimientos.

*

Donde hay más movimientos en interacción simultánea (simultaneidad) hay mayor densidad, pero no es la cantidad de movimientos lo que determina la densidad sino la intensidad de las interacciones entre los movimientos. Esta intensidad determina la dispersión extrínseca y la simultaneidad de una singularidad, es decir, la intensidad de las interacciones simultáneas determina la densidad de una singularidad. En casos extremos de singularidades inmensas con singularidades de mucha menor magnitud, no es perceptible la diferenciación de intensidad en las interacciones debido a la diferencia de magnitud. Esto significa que la intensidad de las interacciones entre los movimientos de una singularidad determina la interacción como dispersión y simultaneidad con respecto a otra singularidad.

La gravedad, en este caso, actúa como el agua, como si de un inmenso estanque se tratara, pero los efectos generados por las interacciones son menores ante el aumento de la distancia; que es la disminución de la intensidad de interacciones simultáneas o, dicho de otro modo: la pérdida de densidad; por eso, el campo (o red) gravitatorio, ejerce menor intensidad fuera del campo de las interacciones. Esto demuestra también que fuerza y comunicación son efectos equivalentes.

*

El campo (o red) gravitatorio es resultado de los efectos de comunicación y fuerza; y se produce gracias a efectos de fuerza y comunicación de redes en dispersión y simultaneidad cuya dispersión extrínseca provoca un entrelazamiento o red simultánea a distancia (a priori), como interacción que anula la distancia (a posteriori), lo que produce dicho entrelazamiento o red en interacción simultánea. El campo gravitatorio es también un efecto gravitatorio de comunicación y fuerza; y se produce gracias a un entrelazamiento, o red simultánea, cuántico o de dimensión de redes de movimientos como campos singulares, gravitatorios o en red (o campo de interacción simultánea que configura una singularidad).

*

La fuerza es el efecto de una interacción.

*

La no interacción es la aleatoriedad, que supone, a su vez, el desequilibrio entre el efecto que es la fuerza y el efecto que es la comunicación; también produce el desequilibrio entre dispersión y simultaneidad. La aleatoriedad no produce efecto de fuerza ni comunicación en sí misma. La aleatoriedad no es causa sino un resultado del desequilibrio entre dispersión y simultaneidad. La dispersión absoluta podría ser considerada como aleatoriedad, pero si existiera la dispersión absoluta no existiría la aleatoriedad porque ninguna configuración se concretaría. La aleatoriedad precisa de su concreción del mismo modo que la simultaneidad precisa de la dispersión y viceversa. Aleatoriedad, dispersión y simultaneidad son los tres estados del movimiento. El movimiento carece de fundamento porque es autopoiético. La dinámica configura todo lo existente conocido. Todo lo existente conocido carece de fundamentación substancial o metafísica.

II

Gravitas retiacula

A mayor intensidad de interacciones en aleatoriedad, mayor intensidad de interacciones en simultaneidad. La intensidad de interacciones cualitativas y cuantitativas determina los efectos de fuerza y campo, por lo que determinan la densidad de una singularidad (objeto).

*

Newton

Fuerza = masa x aceleración

G = constante de gravitación

g = G x masa de la Tierra x distancia al cuadrado

La gravedad varía con la distancia.

Aceleración de la gravedad en la Tierra = g = 9,8 ms^2

Al ser la Tierra más achatada o pequeña en los polos, la aceleración es un poco mayor. En una montaña es más pequeña. Cuanto más cerca de la Tierra mayor es la fuerza de la gravedad.

Masa menor = gravedad menor

Einstein

El espacio-tiempo es curvo – línea recta a velocidad constante sobre geometría curvada. La gravedad no es una fuerza sino un efecto del espacio-tiempo. La masa hace posible la gravedad; luego si la gravedad es un efecto de la curvatura del espacio-tiempo, la masa, que es una causa de la gravedad y el espacio-tiempo, son dinámicos y producen la dinámica de la masa dentro del espacio-tiempo, es decir: la gravedad.

*

La aceleración es directamente proporcional a la fuerza e inversamente proporcional a la masa, esto es, la aceleración es un efecto de la dispersión que es acotada por la simultaneidad correspondiente a la masa. La aceleración es un efecto de la acción del movimiento en dispersión. La aceleración es proporcionalmente igual a la fuerza en la fórmula, pero la fuerza es el resultado (o efecto) de la interacción entre la dispersión (aceleración) y la simultaneidad (masa). La fuerza es un efecto de la interacción de movimientos en red, por lo que la fuerza es una propiedad como efecto del movimiento, pero no es el movimiento. El movimiento es en red (o campo dinámico) cuyo efecto es la fuerza. Pero la fuerza no es el único efecto, la dinámica progresiva de cualquier red o campo dinámico tiene como propiedad, que es también un efecto, a la comunicación. No hay fuerza sin comunicación ni comunicación sin fuerza, son efectos recíprocos y simultáneos de la dinámica de redes. Lo que se ha denominado "fuerza" es, en realidad, un campo dinámico en interacción como comunicación. La física clásica ha sustantivado el término "fuerza" dotándolo de entidad, pero solamente es determinante como propiedad y efecto en una interacción dinámica. En la teoría de redes, fuerza y movimiento constituyen una dialéctica progresiva de la dinámica. En donde comienza todo es en el campo dinámico, no en la fuerza o en la comunicación que no son más que efectos y propiedades de dicho campo. De hecho, una red de redes de movimientos, o singularidad, es un campo dinámico.

*

Un campo dinámico es una red dinámica singular cuya fuerza y comunicación se encuentra configurada en simultaneidad. Su acción extrínseca, sin embargo, puede estar configurada como simultaneidad o como dispersión. Cuando la acción intrínseca de una red cambia de un estado de simultaneidad a un estado de dispersión, entonces se produce la desintegración de la red, dando lugar a aleatoriedad. La dinámica en redes se produce o configura en la transformación constante entre dispersión-simultaneidad-aleatoriedad.

*

La simultaneidad no tiene que ver con el transcurso del tiempo sino con la interacción entre movimientos, la cual nunca es absoluta. La simultaneidad es una forma de dispersión intrínseca acotada (como interacción), en la que la fuerza es un efecto equilibrado y la comunicación es realizada; en ella la interacción es constante pero no absoluta, es decir, es dinámica intrínseca.

Inferir de una interacción de movimientos la propiedad denominada "tiempo" es abstraer una acotación dinámica, de redes dinámicas. Como no hay una acotación absoluta, no hay una simultaneidad absoluta, lo que conduce a Einstein a inferir que no hay un tiempo absoluto. El tiempo "relativo" se da entonces como acotación experimental. Este tiempo relativo es la abstracción de una acotación que se comprende como tal, pero dicha acotación no lo es de un parámetro y mucho menos de una propiedad intrínseca de los fenómenos, sino una multiplicidad de movimientos en interacción simultánea: es simultánea en cuanto a su interacción, no en cuanto a su temporalidad. Lo que sucede entre fenómenos que interaccionan de forma independiente es aleatorio, la temporalidad es una abstracción que se origina en un parámetro arbitrario.

*

La gravedad es aceleración en la teoría de Einstein.

*

El tiempo es la acotación abstracta de movimientos en interacción interpretados como sucesión. El espacio es la acotación abstracta de movimientos interpretados como localidad. El espacio-tiempo es un esquema abstracto utilizado como parámetro de organización.

*

La masa determina la acción del espacio-tiempo para Einstein. La cantidad de materia es lo que define la forma de curvarse del espacio-tiempo. La acción de la curvatura del espacio-tiempo es la gravedad para Einstein.

*

La materia determina la forma del espacio-tiempo y el espacio-tiempo determina el movimiento de la materia, según la teoría de la relatividad general. Pero éste es un principio de generalización que sólo puede ser consistente en base a la maleabilidad del continuo espacio-tiempo.

*

Si afirmamos que hay redes de movimientos independientes entre sí, en cuanto que no interaccionan de forma recíproca, el *principio de Mach* no es plausible. La indeterminación cuántica no aumenta en su movimiento fuera del universo, es decir, más allá de las masas que lo configuran, sino que la indeterminación cuántica aumenta hasta el infinito sin redes configuradas como acotación de otras redes. Esto sucede sin necesidad de presuponer un universo. La aleatoriedad habita allí donde la dispersión es suficiente como para desintegrar las redes configuradas. En nuestro mundo, esta es una acción común, concreta y recurrente. La constante de Planck no es más que un parámetro de simplificación. El potencial gravitatorio no es constitutivo de todas las masas que componen el universo sino tan solo una multiplicidad de interacciones de redes de gravitación que son campos gravitatorios o redes dinámicas. Por eso, la indeterminación cuántica crece en el movimiento de las redes (como singularidades) cuando la interacción es perturbada y la dispersión aumenta. Al aumentar la dispersión, al desintegrarse la interacción entre redes, aparece la aleatoriedad. Esto significa que se ha roto la interacción simultánea entre redes de movimientos. La ruptura de la simultaneidad posibilita la aleatoriedad, la cual se encuentra intrínseca en la configuración de las redes tanto como en su desintegración. El espacio-tiempo continuo pierde significado excepto en sus posibilidades de aplicación práctica, los mismos conceptos de espacio y tiempo pierden sentido fuera del espectro humano. El orden y el caos serían categorías culturales.

La acotación de las redes singulares, o campos más elementales, es configurada dentro de dimensiones de configuraciones de redes de redes de movimientos en interacción, con efectos de fuerza y comunicación. La fuerza ha de entenderse como potencialidad, no como algo caótico y destructivo. En la interacción de las redes, la aleatoriedad es contenida o acotada, igual que la dispersión, pero no anuladas. La dinámica continúa en el juego de interacción entre los tres estados del movimiento, que no son contradictorios ni excluyentes de una forma absoluta.

*

La gravedad no responde a una unificación acotada dentro de un espacio absoluto, pero tampoco a un continuo de acotación universal maleable que es causa relativa del acontecer de un universo. El fenómeno de la indeterminación no lo es solamente a un nivel cuántico; pero la simplificación del mundo, reducido a lenguajes y parámetros, ha provocado la dificultad de ampliar la perspectiva. Evidentemente, en la dimensión de redes configuradas a nivel de percepción humano, la indeterminación es menor, pero esto es sólo un espejismo. La sensación caótica aumenta a medida que la percepción se aleja de lo tangible. La indeterminación es el principio de la aleatoriedad, y ésta se origina a partir de la dispersión que provoca la desintegración de redes configuradas. La desintegración no tiene que ser, necesariamente, de forma intrínseca, sino que la no interacción es también una forma de desintegración de redes que ya no interaccionan entre sí. La desintegración, en este caso, sería una especie de des-configuración.

*

El orden y el caos son categorías propias de un mundo fragmentado por una dualidad dialéctica y una sociedad encerrada en sí misma.

Independientemente de la existencia de una espuma cuántica o red de configuración aleatoria en dispersión y simultaneidad constante, la teoría de redes no es una teoría de gravedad cuántica de bucles sino de campos dinámicos que responden a la configuración de la materia y no del continuo espacio-temporal. A pesar de que la dinámica intrínseca, como simultaneidad intrínseca de una red singular, se configure como bucle, la existencia de un espacio-tiempo independiente en interacción con la materia no es desarrollado. La teoría de redes implica que la propia configuración de su dinámica es constituida por las propias redes. El movimiento de las redes es configuración de la interacción entre las propias redes o entre una propia red de forma intrínseca. La materia no determina la forma del espacio-tiempo sino su propia forma y su propio movimiento, por lo tanto, el campo gravitatorio es configurado por la misma acción de las redes. La teoría de la relatividad general describe de forma extrínseca y simplificada configuraciones de redes desarrolladas de forma intrínseca y compleja.

La denominada espuma cuántica, también conocida como espuma del espacio-tiempo, es un continuo pero no es el continuo espacio-temporal de forma generalizada. Como redes singulares en dispersión que conforman una singularidad sólo generalmente simultánea en cuanto a su forma geométrica (semejante a un conjunto de fractales que configuran), las redes de la espuma cuántica mantienen constante la velocidad de la luz por acotación y son inferidas por los campos gravitatorios. La gravedad, en cierto modo, rompe con la estructura del espacio tiempo como aglutinante de multiplicidad de movimientos en red para configurar su propia singularidad. Si la espuma cuántica es aleatoriedad como un vasto campo de redes singulares, entonces la gravedad es la simultaneidad que configura singularidades en medio de un vasto campo de redes singulares que configuran aleatoriedad. En el juego entre la dinámica triple que da estructura al movimiento se mantiene la organización del equilibrio cósmico, siempre teniendo en cuenta que dada la configuración aleatoria siempre es posible revertir o subvertir el proceso y provocar un desequilibrio en forma de dispersión. La estructura del movimiento es abierta. No hay una estructura general del universo, lo que contradice la existencia de un universo.

*

La dispersión aumenta a medida que una singularidad se aleja de un campo gravitatorio.

*

No se distorsiona el tiempo, que es una abstracción paramétrica, sino el movimiento como red o campo en simultaneidad.

*

El cosmos es una asimetría con singularidades simétricas y dispersiones aleatorias, por lo tanto, el cosmos no es una totalidad.

*

La gravedad infiere en la luz indirectamente porque infiere en la espuma cuántica. La espuma cuántica es la que acota y determina, cuando el campo gravitatorio es lo necesariamente amplio y determinado por un campo simultáneo (masa), lo suficientemente masivo como para influir en su trayectoria (movimiento).

*

La espuma cuántica no es la estructura del universo sino una manifestación de configuración de singularidades en red dispersa (como generalización o conjunto). La espuma cuántica es plataforma dimensional que interfiere como base o estructura de singularidades o redes dinámicas simultáneas a priori, y como posibilidad de configuración de redes dinámicas en simultaneidad extrínseca a posteriori. El efecto gravitatorio es leve, o considerado una fuerza débil, porque su acción es determinada por una pluralidad de singularidades, la espuma cuántica, cuya interacción con las demás singularidades es difusa e indirecta.

*

Las singularidades ejercen entre sí una interacción mediada por la espuma cuántica que configura un entrelazamiento cuántico gravitatorio. En cierto modo, esto supone una transgresión o trascendencia de la espuma cuántica.

*

La trascendencia de la espuma cuántica en dispersión constante (o aleatoriedad), supone la configuración de singularidades o redes dinámicas con simultaneidad intrínseca.

*

Desde esta interpretación la gravedad sería un continuo, no un continuo espacio-temporal sino una red dinámica.

*

La razón por la que la gravedad es menor a mayor altura (distancia de la singularidad) es porque las redes dinámicas de la espuma cuántica son más dispersas y menos simultáneas con menor aglomeración. La aglomeración es resultado de la interacción simultánea que configura la red gravitatoria o singularidad gravitatoria. La gravedad es una corriente, un continuo.

*

La espuma cuántica actúa como el bosón de higgs. Es el vehículo de la interacción, pero no es la interacción.

*

¿Cómo interactúan las singularidades entre sí a través de la espuma cuántica?, por medio de la anulación de la distancia que es lo que provoca la simultaneidad. La gravedad es una transgresión de la espuma cuántica que provoca una red dinámica simultánea o singularidad gravitatoria.

*

A medida que aumenta la distancia entre el efecto de las singularidades, la distorsión de las redes dinámicas aumenta, hasta el punto de configurarse en redes menos simultáneas, lo que hace que aumente la aleatoriedad. La dispersión en campos dinámicos aleatorios es la espuma cuántica. La gravedad es el proceso inverso.

*

En la trascendencia de la distancia se produce el entrelazamiento cuántico gravitatorio.

*

El efecto gravitatorio no es perceptible a escala cuántica porque las redes gravitatorias no interactúan directamente a nivel cuántico sino sólo indirectamente, es decir, de forma diferida. La dimensión cuántica de redes singulares dinámicas en dispersión constante sirve de plataforma y medio pero no como agente o causa directa, lo que significa que la gravedad es un conjunto de interacciones.

*

A la dimensión cuántica, la gravedad sólo le afecta muy indirectamente. Sin embargo, es relevante.

*

La gravedad disminuye la dispersión, ¿por qué?, pues porque es una de las formas de configuración de redes dinámicas como simultaneidad de movimientos.

*

Todo tiende al infinito, por lo que todo está hecho de infinito en potencia.

*

«Ese argumento es incomprensible», pero que sea incomprensible no demuestra su ausencia de realidad. El conocimiento tiene su origen en lo que es tangible, es decir, en la concreción. Pero lo concreto no es un fundamento sino un ámbito de veracidad.

*

La estetificación de lo intangible es lo que dio origen al mito. Sin embargo, el proceso inverso dió origen a la racionalidad.

III

Lingua retiacula

La comunicación es un efecto desde el punto de vista empírico, pero es un proceso desde la perspectiva más general del conocimiento.

*

La comunicación de una actividad acotada es extrapolada a un lenguaje, tanto su percepción como su transcripción son arbitrarias y subjetivas. La objetividad de los lenguajes viene dada por sus consecuencias y circunstancias antropológicas, no por sus estructuras y correspondencias fenoménicas.

*

La comprensión del medio es estetificación del medio. La veracidad o falsedad no viene dada por un arquetipo sino por la proximidad a lo tangible, es decir, al nivel de lo humano. Esto no excluye que el devenir antropológico sea tan dinámico como el acontecer del mundo natural.

*

Se ha obviado la dinámica cuando se han descrito las redes como formas geométricas. Se ha atendido a la forma pero no al contenido. Los lenguajes convertidos en herramientas descriptivas han acotado el proceso de comunicación de las redes, que es un proceso dinámico y progresivo, para conformar la identidad en el conocimiento. El problema de este método es que ha excluido el sentido a favor de la formalidad.

*

El sentido de la dinámica de redes no es intrínseco a ellas sino que se desarrolla a partir de la estetificación como semejanza, más no como identidad. La identidad es la más profunda forma de negar todo sentido.

*

El sentido no se corresponde con la esencia. La esencia es la figuración más primitiva de identidad.

*

En un mundo de precariedad y pobreza es necesario replegarse a los absolutos, pero en un mundo de riqueza es posible abrirse a la diversidad.

*

La luz inmortalizó la imagen. Ese es el más importante efecto comunicativo.

*

No existen espacio ni tiempo como entidades ni como formas puras, porque lo que existe son los movimientos. Los movimientos son campos de indeterminación que se determinan interaccionando entre ellos. El denominado "espacio" es resultado de la multiplicidad de interacciones que dan lugar a múltiples dimensiones. El "espacio" es una abstracción acotada (concepto) de una pluralidad de abismos. El "tiempo" es una abstracción acotada (concepto) de una relación entre interacciones de movimientos en sucesión en una distancia reducida.

*

El mundo natural es diverso pero no es relativo. Lo que es relativo es su apreciación, porque la diversidad es tan inmensa que todo conocimiento es fragmentario y no abarca, procesa o se desarrolla en una totalidad. Ante tal vicisitud, lo que permite la orientación es lo tangible, que en las modernas sociedades humanas se reproduce en la vida práctica y concreta: en la praxis.

*

Intentar reducir la praxis a una naturalización es otra forma de hipostasiar la Naturaleza. Desembarazarse del monismo y del dualismo implica considerar la Naturaleza como una categoría cultural y, desde la perspectiva del conocimiento, como una pluralidad de abismos. Con esto queda rebasada la noción de Naturaleza como totalidad.

*

Si en el movimiento no se da comunicación recíproca entonces sucede el estado de dispersión. Cuando en el movimiento se da comunicación recíproca, entonces sucede el estado de simultaneidad. Las singularidades se configuran a partir de redes dinámicas en comunicación recíproca.

*

En ausencia de comunicación, los movimientos mantienen la aleatoriedad en un proceso estocástico cuyo desarrollo es la configuración de redes. En dicho proceso el efecto determina la causa, por eso la causa está implícita en el efecto. El lenguaje solamente describe el proceso. La comunicación no es lenguaje ni se desarrolla en un lenguaje, es un efecto interpretado en un lenguaje. En algunos procesos, el lenguaje es vehículo de comunicación. El lenguaje es la red metafórica en donde se atrapan racionalmente los procesos mediante acotación y simetría en una dimensión antropológica. El lenguaje no es solamente descriptivo sino también creativo porque estetifica. El lenguaje acota y estetifica el proceso, pero no es el proceso. La comunicación abarca más allá del lenguaje.

*

Cuando una configuración de redes se desarrolla presenta una comunicación intrínseca, extrínseca o ambas, pero siempre se mantiene un nivel de aleatoriedad. La comunicación trasciende la aleatoriedad siempre dentro de un proceso estocástico. Simultaneidad y dispersión constituyen la dialéctica de la dinámica que posibilita la aleatoriedad en todo proceso de desarrollo de redes. La comunicación no es determinante de un modo absoluto.

*

El lenguaje es el vehículo relacional que establece simetrías entre lo concreto y lo abstracto.

*

El lenguaje es red simbólica de procesos concretos.

*

El simbolismo del lenguaje determina la comprensión.

*

La simbología del lenguaje interpreta los procesos, pero no es proceso en la concreción o materialidad de las redes. No hay correspondencia. La correspondencia se da en la reiteración del proceso no en la descripción ni en el lenguaje.

*

El lenguaje es vehicular. La comunicación tanto como el pensamiento trascienden al lenguaje.

*

No hay lenguaje intrínseco en las redes, no hay logos. La comunicación no es determinante de una racionalidad. La racionalidad es al nivel de lo humano. La racionalidad es un proceso antropológico.

*

La necesidad de asimilación es lo que determinó a los lenguajes para el desarrollo del conocimiento.

*

Fuera del lenguaje y la estetificación antropológica lo que hay es una pluralidad de abismos.

*

La unificación de la pluralidad respecto al logos dió origen a la metafísica. Esto también significa la reducción de la realidad a lenguaje.

*

La pluralidad se simplificó cuando la razón fue reducida a lenguaje, a logos.

*

La estetificación se sirve del lenguaje para desarrollar simetrías. Fuera de este proceso hay aleatoriedad en un desarrollo dialéctico de simultaneidad y dispersión. La dialéctica de dicho desarrollo no es dualista o monista sino progresiva. La progresión no implica simetría o unidad, necesariamente, sino dinámica.

*

La dialéctica progresiva como método de interpretación y teoría de redes también es una estetificación antropológica.

*

Lo importante no es tanto la causa sino el efecto.

*

Causa y efecto son acotaciones instrumentalizadas por el lenguaje.

*

Más allá de las configuraciones de redes hay una asimetría. El lenguaje no puede plasmar esto porque la asimetría diverge de lo tangible. Esta es la dimensión material del lenguaje.

*

Las redes de movimientos configuran redes singulares dinámicas. La comunicación produce la simetría. La simetría es un efecto de la comunicación y el desarrollo dinámico de las redes. Tanto la simetría como la comunicación puede mimetizarse como lenguaje, pero la mímesis no es adecuación a la simetría o al proceso comunicativo sino adaptación a la dimensión del lenguaje como red antropológica.

*

El lenguaje es una potencialidad de desarrollo y configuración de la red antropológica.

*

La simetría permanece dentro de una singularidad por las redes simultáneas intrínsecas en ella y las redes simultáneas extrínsecas a ella. La simultaneidad produce la comunicación y viceversa; este proceso es recíproco y puede interpretarse por medio del lenguaje.

*

La simetría se dispersa progresivamente tanto en la distancia como en la amplitud de las redes, lo que significa que en la comunicación hay distintas intensidades.

*

La comunicación y la simultaneidad no son absolutas.

*

Los físicos, los filósofos y los teólogos creen que la poesía se hace en un único verso. Si solamente hubiera un verso, entonces no habría poesía.

*

Afirmar que la ciencia es una simplificación de la realidad es correcto, pero postular que el universo es un caos de fuerzas es una simplificación aún mayor. Lo mismo sucede con la extrapolación de que la realidad es el ser. Todas estas hipótesis son derivadas de una metafísica del cementerio.

IV

Stochastic retiacula

La memoria es lo que permite la orientación: es una reduplicación de acotaciones.

*

La mecánica cuántica no deja de ser descriptiva como arquetipo. Se da una explicación mecanicista y positivista a algo que es en su mayor parte desconocido. Esto es así porque la explicación parte de unas circunstancias antropológicas predeterminadas.

*

El pensamiento intuitivo puede adentrarse en la realidad cuántica; lo único que hay que solventar es el prejuicio metafísico, su fusión con la unidad: el fundamento autolimitador y excluyente.

*

Pensar no es solamente sintetizar, también puede ser amplificar.

*

El campo de redes que, a su vez, configura campos, tiene la suficiente amplitud como para que se desarrolle una espiral aleatoria.

*

No tenemos una vida eterna sino una vida infinita. La vida sólo existe en devenir, pero éste no es único ni siquiera como repetición absoluta o retorno concreto.

*

Lo que crea la simultaneidad plana, el aparente y falso tiempo lineal, es una pluralidad de movimientos acotada; es decir, que desde el punto de vista de la lógica científica lo que crea el orden es el caos. La posibilidad del frágil y efímero orden es un caos plural y abismal. Hablar de orden y caos, en estas circunstancias, sería recaer en arquetipos arcaicos.

*

El presente es la simultaneidad como acotación de las sucesiones, pero ésta es efímera porque es una pluralidad de pluralidades, movimientos de movimientos. El presente como estadio temporal es tan improbable como el tiempo ontológico. Tan sólo son categorías culturales que la tempestad arrollará para después mostrar un cielo despejado y una vida inmensa, plural, libre...

*

La perversa división epistemológica entre el tiempo y el espacio... no hay espacio ni tiempo sino una pluralidad de abismos como transcendencia de singularidades.

*

No hay espacio ni tiempo más que como acotaciones en torno a una pluralidad de movimientos. El espacio/tiempo es la abstracción de una supuesta simultaneidad de movimientos. Dicha simultaneidad es un presupuesto, pero en realidad se trata de una acotación de movimientos. Se pueden acotar los movimientos o agrupar, no de un modo absoluto pero sí simétrico. Es parecido a los objetos de una habitación. La habitación no sería hermética ni absoluta pero está acotada. Los objetos son autónomos aunque interactúen entre ellos. La simultaneidad es la acotación. No hay un tiempo absoluto ni relativo, menos aún una constante cosmológica. Cada movimiento es una dimensión, pero, además, cada acotación es una dimensión abstracta. Hay dimensiones, por lo tanto, abstractas y concretas.

*

¿El río de Heráclito? También él se encontraba bajo el influjo de la cosmogonía griega. No hay ningún río sino aguas diferentes que fluyen bajo su cauce. Ni siquiera ese cauce es permanente. El ser es apariencia, no hay ningún sustrato, fundamento o unidad, por eso se ha presupuesto que el ser permanece oculto a nuestros sentidos. Lo único que se muestra es una pluralidad, pero ésta no es aprehensible, de ahí la necesidad de presuponer el ser. El ser es una ficción vacía en medio de una pluralidad de abismos.

*

En la búsqueda de los principios fundamentales, la ciencia es un plagio distorsionado de la metafísica.

*

Toda estructura es la analogía de una acotación hipostasiada como totalidad.

No es posible la verificación empírica de estructuras sino de singularidades relacionales, por lo tanto, la ideación de cualquier estructura es un proceso abstracto de relaciones independientes de la concreción.

*

Cualquier estructura posee historicidad de un modo intrínseco y ahistoricidad de un modo extrínseco para ser definida como estructura. Toda estructura, por lo tanto, es una configuración ideal.

*

La totalidad articulada es la fórmula de acotación de realidades que se originó en la metafísica con sus dos vertientes: la ontología y la teleología.

*

En la metafísica, como ontología, son las relaciones paradigmáticas articuladas en una totalidad las que dan lugar al conocimiento de la realidad. En el positivismo, por el contrario, son los hechos singulares adscritos a una generalización los que dan lugar al conocimiento de la realidad. En sendos ámbitos se da la hegemonía de la figuración como jerarquía y simulacro de la realidad.

*

Existen múltiples niveles en la dinámica de la multiplicidad. A estos niveles se les puede denominar "dimensiones". Las múltiples dinámicas no son acotaciones dimensionales pero como acotaciones abstractas se las puede considerar "parámetros".

*

En las acotaciones dinámicas se perciben y anulan diversas singularidades y redes según la perspectiva. Situados en una perspectiva concreta, la acotación generalizada de dinámicas en sucesión es lo que denominamos "tiempo". El tiempo es una abstracción parametral que sirve para organizar dinámicas de redes circunstanciales y acotadas.

*

El espacio es una acotación relacional abstracta de redes dinámicas en perspectiva. El espacio es una abstracción parametral que sirve para organizar dinámicas de redes circunstanciales y acotadas.

*

Lo que denominamos sustrato o ser es la abstracción conceptual de una perspectiva dinámica relacional. La generalización de relaciones acotadas en el espacio y el tiempo comprendidos como entidades es lo que dio origen al error figurativo del ser.

*

Todo movimiento es un campo dinámico, pero no como campo de fuerzas sino como red dinámica. La fuerza es un efecto. En la mecánica geométrica, la fuerza es un parámetro de la dinámica.

*

No existe una estructura unitaria autocontenida, es decir, no hay absoluto.

*

La dinámica de las redes se percibe como información, pero esto no confirma la existencia de un logos. La información no existe más que como percepción del efecto; la información es la forma de apreciación del sujeto de los efectos de la dinámica. El logos es una cualidad antropológica.

*

Los movimientos no son a posteriori de las fuerzas sino a priori, porque son redes dinámicas.

*

La cantidad, ímpetu, momento lineal o intensidad de movimiento, causa el efecto que es la fuerza; no en términos absolutos sino derivado de una interacción.

*

Todo movimiento mantiene una frecuencia. La frecuencia es la intensidad del movimiento. Todo movimiento es un campo o red dinámica y de ese modo la frecuencia es dada.

*

El calor como transferencia se entiende como dinámica.

*

La dinámica no se representa como las leyes del movimiento en sentido estricto sino como progresividad general del movimiento.

*

El ser humano puede representar el entorno que le rodea. Conocimiento es estetificación más que formalización. La formalización es un proceso, un medio, no el resultado del conocimiento.

*

La metafísica es la hipóstasis de características antropomórficas en torno a una unidad. La voluntad, la razón, el ser, la comunicación, el logos, el lenguaje, introducidos como principios fundamentales de la realidad dan como resultado una totalización y simplificación de la realidad.

*

El movimiento se fundamenta como dinámica y su acción se determina como red o campo dinámico. No existe una esencia, logos o voluntad implícita al movimiento excepto su propia inercia o dinámica intrínseca. La acción de multiplicidad de movimientos en red configura redes de movimientos en singularidad que, a la vez, dan origen a la acción de otros movimientos en red. La pluralidad da lugar a la pluralidad. La última instancia o simplificación es un campo o red; pero ésta no es un fundamento o unidad sino una diversidad dinámica configurada como singularidad.

*

Toda red es un campo de interacción, más simple o más complejo. No hay unidad sino interacción simultánea.

*

Una partícula es un campo dinámico (red) con una simultaneidad retardada y restringida por su dispersión, con una intensidad asimétrica, lo que la dota de mayor aleatoriedad.

*

La aleatoriedad no es un ente sino un estado mediador entre la simultaneidad y la dispersión.

La aleatoriedad es el estado primigenio y último a nivel particular, pero como estado aleatorio no tiene principio ni fin. La plasticidad y maleabilidad de la materia vienen dadas por su constitución aleatoria y su estructura múltiple o diversa. La materia no es una entidad porque carece de fundamentación u organización intrínseca general (óntica) como totalización. La materia es una multiplicidad de dimensiones como acción de movimientos, esto es, redes estocásticas. Las redes no configuran una totalidad uniforme, simétrica o unificada, por lo tanto, la materia no es una hipóstasis metafísica sino una pluralidad dinámica arquetipo del devenir concreto, que siempre es múltiple y abismal.

*

Dentro de estas disposiciones no hay un caos absoluto ni un orden absoluto sino una dinámica progresiva, simultánea y anacrónica en parcialidades o singularidades múltiples y diversas. La forma racional de apreciación e interpretación de estos procesos es la dialéctica progresiva, pero no es la única. Ningún método de pensamiento abarca todas las posibilidades de racionalización porque el pensamiento nunca agota la realidad.

*

La verdad asociada a la generalización de las relaciones es la verdad de un mundo simplificado y totalitario.

*

La simultaneidad es en bucle, pero dado que ninguna simultaneidad es absoluta, la aleatoriedad siempre se mantiene aunque sea de forma acotada. Toda red simultánea se configura con una trayectoria en espiral en última instancia, es decir, con una acción dialéctica de simetría/asimetría, dispersión/simultaneidad, dinámica extrínseca/intrínseca; lo que supone una aleatoriedad acotada, no absoluta ni suprimida.

*

La intensidad de un campo o red dinámica depende de la actividad intrínseca acotada o contenida de su dispersión como acción simultánea. Las redes son campos de fuerzas solamente si se describen por sus efectos, pero en su ampliación cognitiva son singularidades de acción dinámica intrínseca y extrínseca, como acotación.

*

Las mediaciones entre redes son interacciones o efectos de las interacciones. La no interacción presupone la aleatoriedad; la menor o mayor interacción determina la mayor o menor aleatoriedad. La dispersión no contenida es también ausencia de interacción. Las mediaciones no son absolutas sino que están determinadas por las interacciones simultáneas (o la simultaneidad), es decir, por la acotación de la dispersión que da lugar a interacciones.

*

La necesidad de organización se establece desde la perspectiva humana de conocimiento. La cosa en sí no se presenta como unidad fenoménica o arquetipo identitario sino como pluralidad en devenir. Si se prescinde de la unidad óntica particular se aniquila la posibilidad y existencia de la cosa en sí.

*

No hay un estado completo porque no hay un estado definido permanente. El único estado constante es una dinámica constante, pero eso no es un estado permanente ni definido sino aleatorio y múltiple. Sin estado complementario no hay ser. No hay constitución ni configuración de ser como generalidad.

*

La consideración de la perspectiva antropológica y psicológica de la duración y la sucesión, es decir, del tiempo, ha provocado el paradigma de la objetividad de un universo estático. Esto es debido a que se confunde la multiplicidad de movimientos con la generalización o hipóstasis de un movimiento absoluto. Dentro de un movimiento ampliado, los movimientos intrínsecos particulares parecen organizados. La distancia, pues, es la mediación abismal; pero esto no radica en una objetividad ontológica sino que el parámetro es antropológico. Una vez más, se confunde la duración con el movimiento. No hay duración más que como métrica, como parámetro desde la perspectiva de otro parámetro. La duración se establece por la sucesión, pero la sucesión precisa de otro parámetro. No hay, por lo tanto, heterogeneidad pura ni homogeneidad pura más que desde el establecimiento rígido de parámetros.

*

A la interacción del movimiento la denominamos "sucesión". A la sucesión organizada la denominamos "duración". A la interacción entre redes de movimientos la denominamos "espacio". A la dimensionalidad entre redes que interaccionan la denominamos "acotación" o "singularidad". Toda singularidad es un campo dinámico y todo campo es una red como interacción.

*

La duración como parámetro necesita de espacio vacío, es decir, de la negación del espacio material. La duración remite al eidos vacui, a la idea pura del vacío. El tiempo se construye bajo una presuposición nihilista e idealista.

*

Si desde la abstracción de la duración se prescinde de la perspectiva subjetiva del movimiento, entonces aparece la forma abstracta de un espacio/tiempo estático. Una vez más, se confunde duración con movimiento por lo que se confunde espacio con tiempo. El parámetro suplanta la singularidad, es decir, la cosa en sí toma el lugar del fenómeno. La física se presenta como metafísica invertida por que estudia el fenómeno desde la cosa en sí a posteriori.

*

La perspectiva subjetiva del movimiento da lugar a la sucesión, que es una abstracción organizativa. El concepto "tiempo" se origina a partir de la generalización de las sucesiones pero también de su acotación. Una aleatoriedad infinita equivaldría a un devenir sin tiempo; de ahí que la noción de tiempo precisa de una atemporalidad, de una simplificación (síntesis) del movimiento. No hay continuidad más que como acotación en bucle. No hay duración pura. No hay tiempo. Hay inmensidad.

*

Sin la totalización abstracta no habría generalización de las sucesiones, por lo tanto, no habría duración pura o generalizada. De este modo, tampoco habría absoluto.

*

El absoluto es el refugio conceptual ante el miedo a perecer. La pertenencia a algo más relevante siempre es un consuelo y una justificación de la prepotencia.

*

El noúmeno es el reflejo de la impotencia de una transcendencia espectral en un mundo de jerarquías.

*

La suma absoluta de las acotaciones no da una generalidad sino la negación de las particularidades. La adición absoluta de las duraciones no da como resultado una temporalidad sino el reverso abstracto de la duración misma, es decir, la eternidad, lo estático, la negación del movimiento. La conceptualización de algo sin movimiento resulta de la necesidad de rechazar o paliar la muerte, entendida ésta como aniquilación. Pero el rechazo de la muerte implica el rechazo al movimiento que es el principio de la vida. Tal vez, el origen de este problema viene dado por la consideración, o el prejuicio, de la muerte y de la vida como acotaciones absolutas e hipostasiadas.

*

La confusión de la dinámica en sus diferentes intensidades, es decir, en su progresividad, es lo que dio origen al concepto cualitativo de esencia.

*

El movimiento es complejo y posee intensidades por ser maleable, esto se ha confundido con la "cantidad", que es un parámetro. El efecto de la "cantidad" ha sido denominado "cualidad", que es un parámetro aún más abstracto. De este procedimiento surgen las esencias, de la organización práctica de las esencias como ideas surgen las categorías. En la jerarquía de las categorías se procede al establecimiento de un orden absoluto, y de la realización práctica de ese orden se desarrolla la sociedad totalitaria.

*

El absoluto como duración pura es el contenido de todos los acontecimientos. El mundo es la totalidad de los fenómenos, tanto para Kant como para Wittgenstein; pero esta noción de absoluto como contención del movimiento y la multiplicidad implica la reversibilidad del presente hacia el pasado. Esta noción agota el futuro como posibilidad y apertura, como renacimiento de lo dado. El absoluto es la reiteración simplificada en lo conceptual, nada es posible como absoluto porque todo ya ha sido. Esto explica la analogía que establece Hegel entre el absoluto y la nada, así como el devenir reducido a retorno eterno en una magnificación y falsa resolución del nihilismo en Nietzsche. La posibilidad sólo tiene sentido como abismo, y las totalidades no son configuraciones del ser sino de la prepotencia.

*

La totalización de las relaciones representa la síntesis de las sucesiones: es el ser o síntesis donde espacio y tiempo se unen, pero lo hacen como idea, como representación de lo abstracto. Toda totalidad es abstracta pero su desarrollo es concreto en la represión de las vidas de los individuos que la habitan. Lo uno y lo múltiple se relacionan, se copertenecen; pero, ¿en qué forma?, pues en la realización del poder como absoluto y la sumisión de las particularidades.

*

Las jerarquías persisten en la cosmología solamente como reflejo del mundo real idealizado.

*

La duración es la unificación de las relaciones, percibidas como sucesión determinada. Las relaciones son procesos dinámicos simultáneos no absolutos sino acotados, por lo tanto, la duración es un concepto arquetípico de organización.

*

Desde la perspectiva concreta, las singularidades son acotaciones de redes que interaccionan con otras acotaciones de redes según su grado de simultaneidad. La simultaneidad no se entiende desde la perspectiva temporal sino desde la dinámica de interacción simétrica de movimientos.

Desde la perspectiva abstracta, la fragmentación corresponde a arquetipos o acotaciones conceptuales en relación a otras fragmentaciones que median entre ellas, siendo mayor o menor su campo de interpretación, pero que nunca alcanzan la totalidad.

*

La multiplicidad de movimientos precisa que ningún movimiento, o red dinámica, se mantenga en un estado permanente, es decir, que el movimiento necesita su constante transformación. La estabilidad de la multiplicidad de movimientos viene dada, precisamente, en su inestabilidad dinámica de configuración: si un movimiento, o red dinámica, se mantiene constante de forma perpetua, se interrumpiría el constante proceso de transformación; el devenir perecería sobre sí mismo ante el estatismo generado por una singularidad estática. La materia se mantiene como materia en su constate fluir, pero no en generalidad o totalidad sino en multiplicidad. Todo lo que existe lo hace como devenir múltiple. Este proceso, que tradicionalmente se ha denominado "caos", permite establecer un equilibrio dinámico en el que ninguna red dinámica, ni siquiera como totalidad, pueda permanecer en su mismo estado dinámico de un modo absoluto o permanente. La ruptura del equilibrio dinámico supondría la reversibilidad de la materia. La materia se transforma en sus múltiples configuraciones para que no suceda esta "reversibilidad" y se rompa el equilibrio dinámico. En este aspecto, la ruptura de la simultaneidad de toda configuración o red singular conlleva la transformación necesaria para el mantenimiento del equilibrio dinámico que hace posible el movimiento mismo y, con ello, la materia. El equilibrio dinámico lo establece el proceso dinámico en su mismo proceder, en su acción, en su actividad.

*

La muerte no es una aniquilación sino una transformación necesaria. El movimiento se impone a su propia dinámica por medio del proceso aleatorio, de dispersión y simultaneidad. Este proceso no es necesariamente dialéctico sino que es el pensamiento dialéctico el que permite o posibilita el conocimiento de dicho proceso. La "tríada dinámica" no se establece por medio de saltos cuantitativos o cualitativos sino que no sufre de un procedimiento lineal. El movimiento se da siempre con sus estados constitutivos (tríada dinámica), pero siempre prevalece la dispersión o la simultaneidad según variaciones. La aleatoriedad, sin embargo, más que un estado es un efecto de la tensión de la propia dinámica: sería un efecto dinámico a la vez que un estado desarrollado en interacción del movimiento consigo mismo. Todo estado es transitorio. La materia es movimiento en multiplicidad y constituye formas tan complejas que su comprensión transciende al mecanicismo.

*

Las condiciones de posibilidad de configuración de redes son aleatorias, no azarosas, caóticas o predeterminadas. La dinámica no se produce en una mecánica ciega y automática sino por una acción progresiva. El cosmos no es un conjunto de fuerzas ciegas e irracionales sino una multiplicidad de movimientos en procesos plurales de configuración, en la que se mantiene un equilibrio dinámico que impide el orden absoluto o el caos absoluto.

*

El equilibrio dinámico se establece gracias a un constante desequilibrio, es decir, gracias a la progresividad dinámica. La simultaneidad y las configuraciones son posibles por medio de la dispersión en una mediación que es la aleatoriedad. Si se mantuviese una simultaneidad completa y permanente, el proceso sería aniquilado.

*

La razón no está alcanzando el absoluto; parece que, sin embargo, es el absoluto el que está devorando a la razón.

*

La percepción de configuraciones dinámicas en su dinámica acotada de forma abstracta es lo que crea la abstracción denominada *tiempo*.

*

Lo único que tiene sentido es la multiplicidad de sentidos. La reconfiguración, la recreación perpetua sin resultados idénticos, permite la transcendencia sin absolutos. De hecho, el absoluto es la negación concreta de la transcendencia.

El devenir dota de sentido al devenir, el movimiento no tiene una finalidad sino múltiples trayectorias y transcendencias. El proceso que media entre el ser y la nada posibilita que no haya ser ni nada.

*

Dividir el mundo en infinitos fragmentos en relación a infinitos fragmentos y denominarlos "abismos"; he ahí la apología del devenir sobre el ser, la nada, la voluntad, en definitiva, sobre las proyecciones antropomórficas que legitiman los campos estáticos de concentración.

*

La filosofía continua vinculada al contenido material de las ciencias y las ciencias siguen vinculadas al contenido formal de la filosofía.

Una singularidad (acotación de redes en simultaneidad), se mantiene en equilibrio dinámico cuando la simultaneidad intrínseca supera la dispersión intrínseca y extrínseca. La dispersión dinámica excedente en una singularidad es entendida como *energía*. La tendencia al equilibrio en la dispersión aleatoria genera una simultaneidad en determinadas acotaciones de redes (singularidades) y dispersión en aleatoriedad. La materia se mantiene en una dialéctica de desequilibrio permanente que conlleva desarrollos progresivos alternos (no lineales). Este desequilibrio configura estados de equilibrio progresivo que no alcanzan simultaneidad absoluta. De la aleatoriedad de las dispersiones se configuran simultaneidades en un proceso de desequilibrio dinámico. El estado "fundamental" de la materia es la dispersión aleatoria, lo que supone su ausencia de fundamentación; y es en las formas concretas de dispersiones contenidas en su propia dinámica lo que da lugar a singularidades. La materia se configura a sí misma no como unidad sino como pluralidad en dinamismo. Sin la tendencia a la dispersión, el movimiento no sería posible; sin la aleatoriedad en una dispersión no fundamentada a priori (como cosa en sí) no serían posibles las singularidades configuradas a partir de simultaneidades, lo que contradice la hipótesis de un caos o de un azar absolutos. Es la constitución dinámica del propio movimiento, que es la materia, lo que da lugar a sus desarrollos múltiples.

*

La tendencia a la dispersión es un proceso contenido en la propia dinámica de las singularidades y hace posible la transformación continua. La configuración de la simultaneidad como acotación intrínseca de dispersiones dinámicas establece un equilibrio precario y contingente; sin esta tendencia a la dispersión permanente el movimiento no tendría lugar, así como sus procesos y desarrollos. La dispersión dinámica posee la propiedad cualitativa de autocontenerse y generar acotaciones simultáneas en un proceso aleatorio. Si este proceso fuese permantente o perpetuo se aniquilaría la aleatoriedad y con ello la dispersión, poniendo en peligro la dinámica del movimiento y la misma existencia de la materia.

*

La tendencia al desorden no es un proceso lineal, pero no porque esté contenida en unos límites sino porque no hay un desorden absoluto en los distintas configuraciones del movimiento; así como tampoco sucede un orden absoluto. La materia como movimiento no se autolimita o autocontiene de forma general o permanente, sino que se transforma en su dinámica plural de acotaciones (simultaneidad) y dispersiones.

*

Un campo dinámico o red dinámica es una dispersión acotada como simultaneidad intrínseca; y cuanto más reducida en su simetría (intensa) sea, menor será su tendencia a la dispersión extrínseca. Cuanto mayor sea la simultaneidad simétrica (intensidad) mayor será la duración del proceso dinámico, porque la simultaneidad es una dispersión acotada intrínseca. La materia no se crea del vacío o se destruye en la inanidad sino que se transforma constantemente.

*

La equivalencia entre materia y energía responde a la dinámica, es decir, a la comprensión de ambas como movimiento y procesos dinámicos.

*

Los campos dinámicos que se configuran como redes complejas y mantienen una simultaneidad y simetría organizadas, desarrollan un efecto de interacción respecto a otros campos dinámicos dispersos o configurados en redes complejas en simultaneidad y simetría. Cuando una singularidad (o red compleja) interacciona entre redes en dispersión o se encuentra ella misma en dispersión extrínseca, se produce un proceso de aumento de la simultaneidad en proporción directa a la interacción extrínseca en la que dicha singularidad se encuentra. Por eso, un objeto se vuelve más masivo y su longitud se contrae a medida que se acerca a la velocidad de la luz. El proceso de simultaneidad de un objeto (singularidad) interfiere con los campos dinámicos y redes complejas que se encuentran en su entorno o que son afectados por él; esto explica fenómenos como el electromagnetismo y la interacción gravitatoria.

*

La simultaneidad dinámica "aumenta" la simetría, del mismo modo que dicha simultaneidad también aumenta la intensidad dinámica por acotación de la dispersión.

*

Energía lumínica – atrapar un fotón para acotarlo – provoca que su campo dinámico disminuya su dispersión intrínseca (radiación lumínica) y aumente su dispersión extrínseca – energía.

*

En la teoría de la relatividad, en principio, se reduce la noción de tiempo a cuestiones de percepción. Desde esta base se incorpora la geometría. El problema es que la dinámica introduce la relatividad tanto en la métrica de la geometría como en la percepción, y para que haya ciencia fue necesario relevar la dinámica a un papel subordinado respecto a la ordenación geométrica. La simultaneidad desarrolla un "presente", pero este presente es relativo y maleable, en cierto modo, lo que implica que la sucesión temporal en su conjunto, incluyendo el pasado y el futuro, también sea maleable y relativa. La simultaneidad, sin embargo, se convierte en un concepto aislado y abstracto al divergir de la dinámica acotada y restringida en una idealización conceptual más general (espacio – tiempo). La simultaneidad en teoría de redes, sin embargo, no está relacionada con el tiempo como sucesión general sino como una dinámica de procesos que dan lugar a configuraciones. Evidentemente, la relatividad muestra la imposibilidad de configuración absoluta de simultaneidades, pero no excluye sino que integra la posibilidad de configuración de redes dinámicas.

*

La simultaneidad contribuye a establecer una *ley de conservación del movimiento* pero también a una *ley de aumento de intensidad del movimiento*.

*

El movimiento no es algo singular o unitario, no es un ente, pero tampoco un concepto o abstracción figurativa: se desarrolla en múltiples configuraciones.

*

La dualidad onda-partícula responde a la equivalencia entre masa y energía. Toda singularidad, tanto en masa como en energía, es una red dinámica o campo dinámico.

*

El problema de la comprensión de las redes dinámicas viene dado por que la perspectiva antropológica se sitúa en lo tangible respecto a la circunstancia de lo que es tangible, es decir, *a humanitatis mensura*.

*

La equivalencia entre masa y energía responde a la convertibilidad entre masa y energía, que no son otra cosa más que estados del movimiento en intensidad maleable en consonancia con su simultaneidad o dispersión.

*

La energía es energía cinética y solo diverge en sus efectos y desarrollos en función de su configuración en interacciones.

*

La substancia es el movimiento como campo dinámico, pero esto equivale a afirmar que no hay substancia

V

Biological retiacula

Desde la distinción y la relación entre la materia orgánica y la inorgánica se establecen las distintas especialidades científicas, como son la química, la física y la biología. Dentro de la interpretación de la filosofía dinámica que nos ocupa desarrollaremos un saber interdisciplinar para superar dichas especificaciones.

*

La interpretación de un único desarrollo inherente a la vida ha determinado el punto de vista sobre el que ese desarrollo se reduce a competencia, reafirmación y expansión; pero si no existe un desarrollo único, entonces, éstas circunstancias no son más que mediaciones circunstanciales.

*

El desarrollo de la vida tiene como finalidad su propio desarrollo, en él está implícita la transcendencia. Al igual que en el movimiento, puesto que la vida es movimiento, no hay una fundamentación metafísica.

*

La vida, en su propia dinámica, no requiere fundamentación.

*

Desde el punto de vista dinámico, a partir de la cantidad y la cualidad, la característica principal de la vida su potencial creativo.

*

En términos puramente mecanicistas, la voluntad de vivir estaría contenida en la voluntad de poder. En términos psicológicos y biológicos sería al revés. La vida como movimiento tiende, por encima de todo, a la autoconservación. Una vez dada la conservación, entonces procede la transcendencia. En esto último se expresan los términos y perspectivas que van más allá del mecanicismo y del biologísmo.

*

La principal diferencia entre la materia orgánica y la inorgánica radica, precisamente, en el desarrollo. La vida es dinámica compleja, sobre todo en su desarrollo y como desarrollo. En el sentido biológico, la vida es lo que contiene un desarrollo autónomo, como red dinámica compleja simultánea. La materia inorgánica posee, sin embargo, una mayor heteronomía determinada a priori por la aleatoriedad, articulándose en redes dinámicas en interacción pero con un desarrollo intrínseco menos autónomo.

La aleatoriedad es más constante, en la materia inorgánica, como determinación a priori. En la materia orgánica, la aleatoriedad también es determinante pero a ella se contrapone la autonomía que, en mayor grado e intensidad, posibilita una dialéctica progresiva específica. Lo que difiere entre la materia orgánica e inorgánica es su dinámica de forma cualitativa. La materia cobra autonomía cuando se revoluciona su dinamismo intrínseco que, a la vez, afecta a las interacciones extrínsecas. La diferencia entre ambos tipos de materia es más cualitativa que cuantitativa, es más dinámica que mecánica. La materia orgánica posee la facultad de reduplicarse tanto como la inorgánica, pero la principal diferencia es que el proceso es autónomo de forma cualitativa mientras que la materia inorgánica es transformada en su dinámica de modo reflejo; dicho de otro modo: la materia orgánica es materia inorgánica transformada en redes de reduplicación múltiple con dinámica compleja o alternativa. La materia orgánica es otro modo o manifestación de la materia inorgánica. Toda materia configurada como red dinámica posee cierto grado de autonomía, pero en la materia orgánica dicha autonomía es revolucionada cualitativamente, es decir, de otro modo diverso y específico.

*

Una vez transcendido el principio de autoconservación, las redes biológicas proceden al proceso de desarrollo como integración y reduplicación. Todos los procesos de desarrollo, incluido el de conservación, convergen en una dinámica que no es unívoca sino diversa. La diversidad no la hace heterogénea u homogénea sino autónoma en cuanto configuración o singularidad. De la diversidad de interacciones surgen las dinámicas complejas y alternativas, de este modo, la materia da origen a una configuración específica de redes dinámicas denominada "vida".

*

La autonomía de la materia orgánica configurada como redes biológicas es lo que define las cualidades intrínsecas y extrínsecas que superan la organización como cantidad para transcenderse como intensidad. Es la intensidad a distintos niveles y complejidad lo que dota a redes dinámicas de autonomía, lo que viene a suponer que la dinámica no es un proceso meramente mecánico, inercial o automático, sino que muestra la capacidad de las redes dinámicas de modificar la aleatoriedad de forma autónoma. De este modo, la materia se transciende a sí misma.

*

Como reduplicación de sí misma, en toda red biológica, la adaptación cuantitativa al medio es una superación cualitativa.

*

La inteligencia es una cualidad específica dada en determinadas redes biológicas en su desarrollo. No se trata del proceso por el cual la materia toma conciencia de sí misma porque la materia no es una entidad sino pluralidad; y la conciencia no viene dada de forma intrínseca en la necesidad de existencia de la materia, sino en una específica configuración de ella como redes biológicas particulares y contingentes.

*

El amor es la idealización de una forma específica de integración entre redes biológicas.

*

La perpetuación de la vida consiste en su reduplicación como redes biológicas dinámicas y singulares en constante transformación. Este hecho sobrepasa la finalidad puesta en un molde específico y unívoco.

*

Lo que da la libertad a las redes biológicas en su desarrollo no es la aleatoriedad en sí misma sino su superación como redes simultáneas autónomas.

*

En la dinámica aleatoria no hay una lógica intrínseca a priori sino que el origen de las redes biológicas es la aleatoriedad, como en cualquier otra clase de configuración de redes. Los cambios cuantitativos devienen cualitativos en función de una complejidad, no de su aspecto formal o por una lógica intrínseca.

*

La cualidad como transformación de las singularidades es un término descriptivo que se refiere a la complejidad de dicha transformación y su resultado. El término "dinámica" adquiere un sentido y significado dialéctico: en su relación con la descripción de la materia y sus interacciones, y como acción concreta de la propia materia; esto viene a decir que sus vertientes de significación son concretas y abstractas y, en todo caso, complementarias.

*

La materia observada como acción de interacciones pierde su carácter de substancia. El proceso de sus realizaciones constantes la priva de un substrato: no son las causas materiales sino los efectos dinámicos los que configuran la materia. Esta perspectiva priva la condición de entidad o substancia a la abstracción general que es el concepto de materia desde el punto de vista de la metafísica.

*

La transformación cualitativa de la materia se refiere a la configuración de redes complejas, como son las biológicas, que son capaces de organizarse de un modo extraordinariamente complejo. Esta organización compleja en interacción múltiple coordinada es lo que dota de autonomía a las redes biológicas. Evidentemente, tal como no hay una simultaneidad absoluta tampoco hay una autonomía absoluta.

*

No hay procesos dialécticos intrínsecos en la materia, sino interpretaciones desde la dialéctica de procesos dinámicos e interacciones en la materia. Las complejas transformaciones y sus resultados son descritos como cambios cualitativos y cualidades, pero estas definiciones no están implícitas en la materia sino en los manuales de escuela. El uso de las categorías más allá de su capacidad de descripción genera espejismos identitarios.

*

La cualidad procede de la cantidad, no sólo por las interacciones cuantitativas sino precisamente por los efectos de dichas interacciones.

*

Las redes biológicas son resultado de la dinámica de la materia, más no como un proceso homogéneo o de una totalidad homogénea. Las interacciones de las redes biológicas se entienden como acotaciones (acciones dinámicas intrínsecas y extrínsecas en determinados desarrollos) en un medio heterogéneo. Sin la heterogeneidad, en un medio heterogéneo, de esas interacciones nunca se habrían dado los procesos que dieron lugar a las redes biológicas.

*

Toda red es una acotación de la aleatoriedad que media entre la dispersión y la simultaneidad; en el caso de las redes biológicas, esto supone la configuración de estructuras complejas en desarrollo simultaneo.

*

La cantidad de interacciones influye en la aleatoriedad y a mayor cantidad de interacciones más configuraciones se desarrollan a partir de la aleatoriedad. Este es el secreto del milagro de la vida.

*

No hay unidad entre el organismo y el medio sino interacción entre ambos. Esto es así porque el medio no es un espacio vacío o una totalidad sino interacciones entre redes dinámicas.

*

Las singularidades aparentemente más simples dan la apariencia de ser origen de singularidades complejas, pero el origen no está en principios fundamentales sino en el proceso mismo. Esta hipótesis es de difícil aceptación puesto que todo proceso es contingente, impreciso e intangible. El conocimiento humano, en contradicción con ella, deriva de su aproximación a lo tangible. Afirmar que la materia no es una entidad (abstracta o concreta), sino un proceso de interacciones dinámicas, supone una revolución en el conocimiento.

*

Los procesos no dejan de ser campos de interacción. Los desarrollos de configuraciones de redes son dinámicas de dinámicas; en esa complejidad surgen las redes biológicas. Esto significa que la magnitud y la intensidad de las interacciones genera configuraciones que generan, a su vez, mayor cantidad de interacciones.

*

Lo que media entre la cantidad y el desarrollo progresivo de su complejidad (cualidad) es la dinámica en sus diferentes formas e intensidades (interacciones). La selección natural responde a una aleatoriedad alterada que no es absoluta (no es azar ni caos) y permite, por medio de infinidad de interacciones, configuraciones complejas y dinámicas.

*

La realidad es múltiple en la diversidad de redes. La realidad es acotada en la acotación de redes. La autonomía de la realidad en redes biológicas es dialéctica como determinación e indeterminación en proceso (progresiva), lo que significa que no es absoluta en una realidad absoluta; lo que no implica, a su vez, que sea relativa.

*

Es la interacción entre la simultaneidad intrínseca y la dispersión extrínseca en una red y la interacción con otras redes lo que genera una singularidad. En las redes biológicas este proceso cobra una intensidad compleja e inmensa. De ahí viene la explicación por la que se define la vida como inmensidad.

*

La muerte es la dispersión de movimientos de redes que conforman una singularidad. Supone, no sólo la desintegración de la singularidad, sino el cese de las interacciones que permiten la simultaneidad entre movimientos y redes de movimientos. La muerte es, en cierto modo, la perdida de la simultaneidad.

*

En los seres vivos se da una simultaneidad extrema y compleja, reduplicada en forma constante, lo que les dota de cierta autonomía; pero dicha autonomía nunca es absoluta y completa. Sin un rango de dispersión sería imposible tanto la vida como el mismo movimiento. Sin dispersión no hay interacciones, todo sería un bloque homogéneo y estático. En una dispersión caótica sin aleatoriedad no habría configuraciones. Si el cosmos estuviera gobernado por fuerzas ciegas e irracionales no habría interacciones espontáneas, por el contrario, si estuviera gobernado por un principio fundamental colapsaría de algún modo. Son redes dimensionales dinámicas superpuestas en interacción lo que da lugar a las diferentes configuraciones. La vida ha sido posible en un determinado equilibrio dinámico en el que la dispersión extrema y la simultaneidad extrema se han ido atenuando.

*

La vida es una dinámica específicamente compleja.

*

Las redes biológicas tienen como afinidad la interacción con otras redes biológicas y, a partir de ahí, la materia orgánica e inorgánica del entorno. Este es el punto de partida de la experiencia humana y la objetividad, todo ello como dimensión antropológica.

VI

Anthropologica retiacula

Lo tangible es la concreción como perspectiva primordial en la experiencia y el conocimiento humano. El pensamiento deriva de la concreción, es decir, de la materialidad dinámica organizada.

*

La negación del dinamismo como ralentización de procesos experimentados contenidos en la memoria por medio de la reduplicación de imágenes, lenguajes o expresiones, tiene como origen y consecuencia la necesidad de orden. De esta necesidad procede la metafísica, la religión, los arquetipos míticos y científicos, etc.

*

En el acercamiento o proximidad a lo tangible se mantiene la concreción, en su alejamiento se aumenta la abstracción. El problema del conocimiento viene dado no tanto por la perspectiva ambigua del sujeto como porque la realidad diverge de lo concreto en su amplitud y diverge de lo abstracto en su acotación. La verdad del conocimiento es tan dinámica como dialéctica, pero no es relativa en un modo absoluto.

*

La complejidad aumenta la dispersión y la aleatoriedad en el caso de que las interacciones no estén bien estructuradas. Este es el caso de la sociedad capitalista, por ejemplo. La estructura ha de darse en base a una simultaneidad establecida y a la consideración de cada una de las singularidades como un fin en sí mismo.

*

La información es un proceso creativo de percepción e integración, es decir, a partir de los efectos y sus consecuencias se mantiene o se transforma una dinámica. La memoria de esta dinámica es la información. La memoria, por tanto, es una reduplicación de una dinámica representada. Las redes singulares son capaces de retener trayectorias reduplicando movimientos que no necesariamente han de ser idénticos. Retener es duplicar así como la información es el efecto de esa reduplicación.

*

La dinámica perpetua, que es multiplicidad en interacción, no genera eternidades.

*

Para que sea posible la objetividad pura es necesaria la petrificación de la imagen. El miedo al caos, al desorden, a la incertidumbre, ha construido imágenes petrificadas como fundamentos metafísicos, religiosos, científicos y políticos.

*

La dialéctica es la herramienta de desorganización y reorganización que nos da nuestra propia dinámica para continuar nuestro desarrollo.

*

A medida que aumenta la percepción, se desintegran también los arquetipos conceptuales. La tabla de salvación respecto al relativismo consiste en el retorno a lo tangible. Este es el principio del nuevo materialismo.

*

No hay unidad en lo múltiple sino redes singulares dinámicas, por lo que no es necesaria la figuración de una realidad superior o el sujeto transcendental. La precariedad en la configuración de una red singular, o singularidad, es lo que genera el horror y la angustia como precedentes de la ideación absolutista.

*

Todo conocimiento procede de la experiencia, pero no necesariamente de la experiencia empírica.

*

¿Intervalos o instantes como acotaciones de sucesión? ¿Qué clase de perversa reducción de la vida es esa?

*

No hay presente en una multiplicidad asimétrica y dispersa en su dinámica. El presente, solamente, puede establecerse como acotación; pero toda acotación es una reducción asociada a lo tangible o a lo abstracto. Por esto, el conocimiento podrá ser dialéctico pero no absoluto.

*

La diferencia entre el arte y el resto de racionalizaciones es que el arte explica la realidad pero no se apropia de la realidad. Hay una identidad dialéctica entre el arte y la realidad, no una identidad absoluta. El modelo estético es también un elemento de la dialéctica progresiva.

*

Las racionalizaciones han creado un mundo hermético y simplificado tanto en la teoría como en la práctica, de lo que se trata ahora es de salir a la superficie para reducir la asfixia.

*

La sociedad democrática sólo puede ser construida por individuos que conformen, integren, generen y cuestionen la sociedad en la que viven.

*

Toda red o configuración ha de ser comprendida en relación a sus interacciones sabiendo que éstas no conforman una totalidad, del mismo modo que no es posible acceder a una perspectiva general de las interacciones. Esto responde a que el conocimiento no puede ser absoluto.

*

El conjunto (contingente) de las inferencias da lugar a la representación de la coherencia deductiva, pero dicha coherencia debe justificarse ante la praxis: no es válida en su exclusiva formalidad.

*

En las redes biológicas se da la adaptación al entorno, la competencia, la expansión, la rivalidad y el dominio, pero la principal interacción que permite la superación del entorno es la del apoyo mutuo. La organización de redes es aquella en la que cualquier singularidad dinámica contenida en ella no ejerce fuerza superior sino compensatoria, lo que procura un equilibrio dinámico. Cada singularidad está dotada de autonomía e interacciona con las de su entorno.

*

La memoria, que en principio es un recurso de organización, crea imágenes y estructuras que provocan la sensación de orden en el movimiento. Los múltiples devenires quedan acotados, lo que genera la apreciación de una sucesión lineal y, como aspectos fragmentados de los devenires acaecidos, nace la idea de "instante". En la organización estructurada de instantes por medio de la acción entre la memoria y la organización racional de ésta surge la noción de "tiempo". La razón establece el orden por medio de fragmentaciones en sucesión tal como lo perciben los sentidos en una percepción acotada: el dinamismo acotado y adaptado a la propia dimensión antropológica establece la realidad del tiempo. Esto mismo también podría decirse del espacio. En el ámbito del conocimiento sucede de la misma forma que en las interacciones entre redes: la interacción es recíproca entre ellas de igual forma que el sujeto de conocimiento interacciona en reciprocidad con las redes dinámicas o singularidades que configuran el entorno. Este entorno no se experimenta en su totalidad o generalidad porque ninguna red se encuentra inmersa en dicha configuración, sino que experimenta la realidad del entorno según su configuración determinada en su interacción con el mismo, acorde a su dimensionalidad. De aquí se extrae las nociones de "dimensión antropológica" y "principio antropológico". Ampliar esta dimensión por medios tecnológicos y otros desarrollos como el epistemológico aumenta las perspectivas y crea otras nuevas, pero no altera el hecho dimensional: la misma realidad de que exista una dimensión antropológica; lo que sí explica es su dinamismo y maleabilidad. Evidentemente, estas interacciones dimensionales conforman una realidad, pero es una realidad fragmentada y acotada en cuanto a su configuración , no respecto a un todo sino respecto a una pluralidad en la que está inmersa; por eso, ninguna realidad es absoluta o se encuentra en relación con un absoluto. La realidad epistemológica no es lo tangible, o lo acotado en torno a lo tangible, sino que se desarrolla a partir de lo tangible; no se corresponde con un empirismo vulgar pero tampoco con el idealismo.

*

La forma de desarrollo de las potencialidades humanas viene determinada por su modo de producción. La revolución agrícola se produce en determinadas poblaciones pero su desarrollo es universal. Del mismo modo, la revolución industrial es originada por una determinada clase o estamento, pero su desarrollo es también universal. Estamos hablando de la revolución industrial que dio lugar a un modo de producción industrial generalizado, no a las relaciones de producción que establece una determinada clase, que en última instancia sí son particulares y específicas. Pongamos como ejemplo que si se dona un cargamento de vacunas para un poblado africano, por ejemplo, que las necesita, y estas vacunas son administradas por un médico o una organización sanitaria entonces las vacunas cumplirán su propósito. Si, en cambio, las vacunas son administradas por un hombre de negocios o una empresa privada, el beneficio será su objetivo principal y los que no tengan recursos no obtendrán vacunas, del mismo modo que los que los tengan serán expropiados de todo o parte de su propiedad para conseguir dichas vacunas. Esto significa que la producción industrial en manos de una determinada clase, o de individuos específicos como pueden ser los industriales, accionistas, el capital financiero o una burocracia, solo parcialmente cumple su cometido y los intereses particulares se anteponen a los generales.

*

La interpretación que supera el mecanicismo y el evolucionismo es la interpretación dialéctica. Si las moléculas orgánicas (aminoácidos) que componen proteínas se hubiesen adaptado sin más al entorno no se habrían desarrollado los seres vivos, es decir, como bacterias y células. Si las bacterias se hubiesen adaptado al medio sin más, no se hubieran desarrollado formas de vida más complejas. La adaptación es también superación, no se trata de una simple mímesis. Este proceso indica la progresividad. En un desarrollo, los límites nunca son construidos en una forma absoluta, y toda descripción lleva inserta una interpretación.

*

El conocimiento es posible como acotación en relación a lo tangible, no se reduce a un aspecto formal de síntesis de contradicciones. El conocimiento no es una formalización lógica aunque ésta interaccione con la experiencia, sino una estetificación con reciprocidad o interacción práctica. Los limites del conocimiento no vienen dados por su dinámica parcial en torno a una totalidad no realizada sino por su concreción, que es siempre dinámica y no absoluta. El conocimiento no es absoluto pero eso no significa que sea parcial sino que es coetáneo, en cierto modo, simultáneo; es decir, que está sujeto a una determinación y no a una totalidad.

*

No se trata de que la realidad diverge con respecto al pensamiento o que exista una integración o adecuación a ella, sino que la realidad no es un ente, no es el ser; el pensamiento es una interacción en un medio abismal o aleatorio. Si el propio pensamiento captura la inmediación de la realidad como ser, ésta sería temporalmente o inmediatamente experimentada; pero la realidad como ser es la interpretación de la realidad como ser, no la realidad misma. Dicha noción es una perspectiva antropomórfica determinada por necesidades y configuraciones, de una organización general o cosmovisión.

*

No hay una realidad, por más acotada que esté desarrollada como racionalización, que no posea transcendencia. No significa esto un estatismo, una teleología o una inmediatez, sino una inmensidad inabarcable que, al mismo tiempo, permite la realización; una realización nunca completa pero transcendente y progresiva.

*

El discurso de la verdad como poder es el discurso de la verdad como totalidad; no necesariamente porque la abarque sino precisamente porque la postula. El discurso antagónico de la no verdad es igual de totalitario: el irracionalismo emerge hacia las formas de control y ausencia de libertad.

*

Lo no relacional también existe. Lo que no entra en nuestras relaciones ontológicas y epistemológicas no es una vacuidad, tampoco lo irracional, sería el no pensamiento; pero éste no es el no ser. ¿Cómo que pensar es pensar el ser cuando el propio ser es producto del pensamiento y no de la realidad en sí misma? La realidad es una mediación entre lo tangible y el pensamiento que desarrolla una acción, y dicha mediación nunca es completa ni se identifica con lo que existe más que como interacción y acotación en un entorno de inmediatez o concreto. Ese entorno sobrepasa al pensamiento: es abismal.

*

Ser relativista y escéptico respecto al conocimiento formal, más no respeto a lo concreto (de lo que se extrae también un conocimiento), aleja del academicismo y la ideología. El materialismo sólo es un método, una perspectiva o una filosofía, pero en determinados aspectos también es un espíritu.

*

La verdad dialéctica se corresponde con el proceso de estetificación porque no es definitiva y total, lo que posibilita la dinámica en la creación de otras formas y realidades. También posibilita la distancia crítica: la perspectiva crítica sin la que no serían posibles desarrollos progresivos.

*

Aquello que se denomina "origen o fuente espiritual" no es más que la incomprensión del misterio.

*

La tendencia general al equilibrio de toda singularidad es la causa de su dispersión intrínseca remanente. Esto se explica porque ninguna singularidad es aislada ni intrínsecamente completa sino que se trata de una red de interacciones entre redes de interacciones. La reduplicidad de los movimientos en simultaneidad aumenta la dispersión intrínseca debido a la propia acción de los movimientos que se excede a sí misma. La acción general de las redes en interacción es un proceso de simultaneidad en reduplicación, pero dado que el movimiento no puede prevalecer constante sino en permanente transformación para prevalecer como movimiento, el exceso de reduplicaciones como simultaneidad intrínseca deviene en transformaciones que configuran nuevas singularidades a través de un proceso progresivo de dispersión – aleatoriedad – simultaneidad.

*

No hay una reconversión absoluta en la acción del movimiento simultánea, lo que provoca la existencia continua de una dispersión aumentada. En la relación recíproca entre la dispersión y la simultaneidad se encuentra la aleatoriedad, es decir, la aleatoriedad es resultado de un exceso, de la imposibilidad del equilibrio absoluto y constante. El movimiento no conoce límites absolutos.

*

Entendemos los estados de equilibrio en las configuraciones de singularidades por nuestro posicionamiento antropológico respecto a lo tangible, a la *humanitatis mensura*; pero en el entorno cosmológico es el estado de aleatoriedad el estado de equilibrio como mediación en un devenir permanente. El espejismo de las singularidades en sus formas abstractas es lo que dio origen a la prevalencia ideológica del ser sobre el devenir.

*

Lo que revierte el proceso de colapso cosmológico es la configuración de singularidades mediante el proceso de interacción de movimientos en dispersión, lo que da lugar a simultaneidades o redes simultáneas en configuración, y, a su vez, a una multiplicidad en lugar de una totalidad. Si la constante permanente niega la posibilidad del movimiento, la totalidad como constante configurada niega la posibilidad de la multiplicidad como pluralidad.

*

Los seres humanos configuramos acotaciones abstractas y concretas; en una configuración general las denominamos "totalidad".

*

El movimiento se configura a sí mismo y su estado es la dispersión como dinámica. La simultaneidad es una determinada configuración del movimiento en dispersión. Los movimientos interaccionan en dispersión y producen simultaneidades. Las simultaneidades configuran singularidades. La ralentización de los movimientos produce una disminución de la dispersión pero también de la simultaneidad, de tal modo que un hipotético estado de reposo absoluto conllevaría una transformación que anularía el proceso dinámico y la propia singularidad.

*

No es necesario un infinito número de procesos para llegar al estado de entropía absoluta o el reposo absoluto, sino que es imposible la anulación del movimiento desde el mismo movimiento; de ahí las figuraciones como la metafísica.

*

La metafísica es una interpretación del devenir desde lo que no es el devenir. En este aspecto, la física es una metafísica secularizada.

*

La información es una interacción y toda interacción produce un efecto.

*

Las interacciones son dimensionales, pero las dimensiones son acotaciones en determinadas circunstancias concretas. La distancia en la configuración de interacciones puede ser transcendida cambiando las acotaciones en sus determinadas circunstancias.

*

En la búsqueda de partículas elementales se ha pretendido encontrar partículas fundamentales, mientras que en la ontología se ha presupuesto una substancia o substrato universal y fundamental. En ambas perspectivas epistemológicas se parte del error de no incluir el principio antropológico; sus resultados, por lo tanto, son objetivistas tanto como idealistas. La teoría de redes dinámicas mantiene la tensión dialéctica entre la perspectiva antropológica y la realidad sin incurrir en hipóstasis cosmológicas. El desarrollo dialéctico de la tríada dinámica es una descripción de un proceso, no el proceso mismo; el cual es resultado gnoseológico de una acotación. Las redes dinámicas responden a un modelo teórico que se fundamenta en datos empíricos que son, a su vez, interpretados; de ese modo, el modelo teórico no recae en el dogma de la identidad pura o de la intuición pura inmediata como principio del conocimiento.

*

La hipótesis del movimiento como campo dinámico estructural no es un fundamento físico ni ontológico sino una interpretación que no se reduce a los estrechos cauces de la ideología y el sectarismo académico. No es el ser, como dijo Aristóteles, sino la realidad como pluralidad lo que puede ser interpretado de diversas formas. La diferencia con el saber puro es que la teoría de redes, así como cualquier filosofía materialista antimetafísica, no separa el conocimiento de su dimensión práctica sociocultural y antropológica; anteponiéndose, ante todo, a sus consecuencias.

*

La materia en una dinámica de dispersión intrínseca es lo que se ha denominado como "energía". Por esto es que la materia no es una entidad, un todo unificado, un ser, sino una pluralidad de movimientos.

*

El lenguaje interno, del pensamiento, es una reduplicación del habla. El lenguaje matemático, interno a la mente y externo como comunicación *interpares*, es una reduplicación referencial y relacional. El pensamiento no es exclusivamente lenguaje, el lenguaje es una representación simbólica pero el pensamiento es el conjunto de todas las representaciones además de la del lenguaje. Las representaciones del pensamiento, que son el pensamiento como actividad de la mente, configuran esa red de interacciones que denominamos "conciencia". Toda representación es una reduplicación dinámica compleja de otros procesos dinámicos complejos. La mente también consigue organizar reduplicaciones de procesos acaecidos, y a eso lo denominamos "memoria".

*

La complejidad de las redes dinámicas excede y transciende el mecanicismo y las descripciones geométricas, así como las hipótesis de la física y los conceptos de la matemática.

*

Lo que no tiene en cuenta la ciencia son las relaciones y desarrollos cualitativos, reduciéndolos a procesos cuantitativos. Esto es así porque se atiene a principios fundamentales y acota todo desarrollo y toda relación a ellos. La ciencia es una simplificación del mundo, así como lo fue la metafísica.

*

Hay que disminuir el prejuicio de la objetividad pura en la ciencia para poder introducir valores en ella, no desde la perspectiva formal sino desde la praxis.

*

El lenguaje y las racionalizaciones humanas responden a diversas formas de organización, pero dichas formas o estructuras antropológicas son maleables e históricas, no absolutas, porque son resultado de una praxis y no de una correspondencia general con un todo; lo que imposibilita una identidad estática o pura y una descripción realista, objetiva y neutral en términos generales o absolutos. Las representaciones acotadas de la realidad no son idealizaciones de la misma sino estetificaciones, en primer lugar, por su carácter dinámico y circunstancial; en segundo lugar, por su dimensión práctica y material. Esto supone que tienen unos efectos que van más allá de los estrictamente formales o epistemológicos. La realidad, por eso, no es virtual o completamente contingente o relativa.

*

Si definimos el "espacio" como una interacción entre campos dinámicos, aunque estos se encuentren en dispersión, entonces se diluye el concepto de "espacio vacío"; es más, incluso el concepto "espacio" vuelve a ser una forma a priori kantiana pero que no se desarrolla como existencia real sino como comprensión antropológica.

*

Si las fuerzas gravitatorias son producidas por la interacción de las masas con el "espacio vacío" (Einstein), entonces la gravedad es una interacción dinámica; no tanto entre magnitudes abstractas o geométricas sino en cuanto a redes dinámicas en interacciones que aún no resultan ser dimensionalmente tangibles excepto en una reducida percepción.

*

Para Aristóteles, el espacio se debe a la extensión de los cuerpos; pero la extensión de los cuerpos es materia. Entendido esto, el espacio es un valor referencial respecto a la extensión de los cuerpos, es decir, respecto a la materia. Describir el espacio como finito o infinito no es una cuestión semántica o meramente conceptual, porque el pensamiento no es identificable con la realidad en un modo absoluto. La infinitud o finitud del espacio escapa de la interpretación y la dimensión antropológica porque es un dilema abstracto creado desde una formalización, pero que se intenta resolver a partir de circunstancias de organización concretas. Lo concreto no puede resolverse exclusivamente en lo abstracto. En este sentido, no somos hegelianos ni idealistas, pero tampoco aristotélicos.

*

La finitud o infinitud del espacio debe ser vista desde una perspectiva referencial, esto es, desde la interacción entre redes. Sin embargo, las interpretaciones sobre las distintas configuraciones no pueden agruparse en una generalidad, a no ser que nos valgamos de la analogía. Aplicar la analogía a estos supuestos consiste en una simplificación, pero ésta es determinante. Por tanto, a efectos prácticos, la consideración, no de un espacio finito o infinito y la validez axiológica del infinito para el desarrollo de una dialéctica negativa, sino la comprensión antropológica del concepto "espacio", supone un escepticismo y una crítica material, positiva y negativa, respecto a las implicaciones sociales y políticas del conocimiento.

*

Lo observable permite una verificación empírica y construir modelos cosmológicos. El problema es que lo observable no es neutral y está mediado, no por intuiciones puras sino por otros modelos más concretos que son los socioculturales. Se hace mayor énfasis en lo observable, pero ¿qué ocurre con lo no observable? Sobre lo no observable es posible establecer una dialéctica negativa (o abierta) que deslegitime o cuestione los modelos cosmológicos establecidos a partir de lo observable. Sin embargo, si alteramos la cualidad de lo observable y lo ponemos en relación a determinaciones concretas, la dialéctica se desarrolla como progresiva.

*

Si Feuerbach redujo la teología a antropología, el desarrollo del conocimiento ha de reducir la ontología a ideología.

*

La progresividad no implica, necesariamente, algo positivo desde el punto de vista social, político, económico o cultural. El desarrollo progresivo de las redes dinámicas no puede entenderse como algo exclusivamente positivo sino, sobre todo, cualitativo. Esto contradice las posiciones de otras dialécticas en donde impera la fuerza como principio fundamental en lugar del equilibrio, y el caos en lugar de la aleatoriedad. Las dialécticas del "diamat", de la metafísica y, en particular, de la ontología, han presupuesto resultados conceptuales en la realidad a través de un proceso dialéctico idéntico a una realidad totalitaria. La dialéctica progresiva pretende evitar estos paradigmas.

*

La simultaneidad se da desde una perspectiva dinámica, pero se abstrae en su proceso como perspectiva temporal. La simultaneidad es el proceso de interacción entre redes dinámicas en dispersión; la racionalización temporal es este proceso como estetificación según una métrica y unos parámetros. El término "simultáneo" deriva del latín "simultas" que significa rivalidad, su raíz es "simul" cuyo significado es "juntamente". La acción simultánea nunca es precisa de un modo absoluto y se produce en una especie de rivalidad u oposición en equilibrio y acotada de elementos dinámicos en dispersión. Sin la convergencia, es decir, sin la simultaneidad acotada en interacción no se producirían configuraciones. La simultaneidad, por lo tanto, es un estado cuantitativo en transformación que se transciende a través de interacciones de convergencia. En la simultaneidad, la divergencia o rivalidad es un precedente de una posterior interacción complementaria. Sin estas interacciones no serían posibles las redes dinámicas. De esta forma, del desequilibrio nace el equilibrio; no en estructuras absolutas sino en aleatoriedad.

*

La geometría euclidiana es valida en una acotación circunstancial, aunque dicha acotación pueda darse en una magnitud inmensa. Esto explica la correlación entre el lenguaje y sus términos y los elementos relacionados en dichos términos. El lenguaje científico es resultado de una acotación experiencial y cubre dicha acotación, de lo que resulta una simbiosis gnoseológica; pero si tenemos en cuenta que el lenguaje no tiene un origen lógico sino referencial o comunicativo, la identidad es sólo presupuesta de un modo objetivo o neutral como identidad o correspondencia absoluta. Ninguna teoría, por muy formalizada que esté, se desarrolla a partir de un proceso lógico o exclusivamente lingüístico. Los lenguajes se relacionan con los elementos de la realidad con mayor precisión según se encuentran más próximos a la dimensión humana, porque estos mismos lenguajes son resultado de un desarrollo humano, incluido el lenguaje matemático. Cuanto más alejados se encuentran los elementos de una realidad de la dimensión humana, mayor es el número de arquetipos y figuraciones que representa dicha realidad. Cualquier esquema matemático es una aproximación a lo tangible por la vía figurativa y representacional; pero el problema consiste en que este tipo de esquemas es descriptivo, no porque explica un desarrollo sino porque es resultado de una simplificación excesiva: se trata de un modelo lógico y abstracto. El acercamiento y aproximación a lo tangible debe poner de manifiesto sus limitaciones y permitir desarrollar teorías de mayor envergadura, al nivel de lo humano. Esta interpretación pone de manifiesto que la descripción de la realidad no es la realidad en sí misma sino tan sólo una acotación dimensional. La ruptura dialéctica solamente conduce al dogmatismo. Precisamente, es el uso dogmático del lenguaje el que ha puesto de manifiesto la imposibilidad de ajustarse a esquemas lógicos estrictos y de que la realidad no puede ser comprendida en una forma absoluta e idéntica consigo misma. La construcción de un formalismo matemático ha contribuido a desarrollar una simplificación de la realidad que va pareja a los desarrollos de la metafísica. Esto conduce a observar que la ontología y el positivismo se relacionan mutuamente en un intento de legitimarse, tal como la rivalidad permite el equilibrio, aparentemente, pero es la cooperación recíproca lo que mantiene una interacción de un modo más permanente. Superados ambos en la dialéctica, la ontología y el positivismo, no se aspira a su aniquilamiento sino su integración dentro de lo que pretende ser una nueva filosofía.

www.ingramcontent.com/pod-product-compliance
Lightning Source LLC
Chambersburg PA
CBHW030705220526
45463CB00005B/1915